教育部高等学校“专业综合改革试点”项目

高等学校“十三五”规划教材

太阳能热利用技术

（第2版）

主　编　孙如军　卫江红

副主编　王　慧　孙　莉　孟祥辉

北　京

冶金工业出版社

2021

内容简介

本书简明介绍了太阳和太阳辐射能，太阳能的利用、储存和发展等基础知识，详细介绍了太阳能热水系统的关键部件——平板太阳能集热器和真空管太阳能集热器的结构、基本原理、材料和使用要求等知识，并结合实例重点阐述了太阳能热水系统的设计过程。最后介绍了其余几种常见的太阳能热利用形式。

本书可作为高等学校太阳能热利用相关专业的教材，也可作为太阳能热利用领域和将要涉足该领域的企业人员的培训教材。

图书在版编目(CIP)数据

太阳能热利用技术 / 孙如军，卫江红主编 . —2 版 . —北京：冶金工业出版社，2019. 11（2021. 7 重印）

高等学校“十三五”规划教材

ISBN 978-7-5024-8028-8

Ⅰ. ①太… Ⅱ. ①孙… ②卫… Ⅲ. ①太阳能利用—高等学校—教材 Ⅳ. ①TK519

中国版本图书馆 CIP 数据核字(2018)第 291673 号

出 版 人　苏长永

地　　址　北京市东城区嵩祝院北巷 39 号　邮编　100009　电话　(010)64027926

网　　址　www. cnmip. com. cn　电子信箱　yjcbs@ cnmip. com. cn

责任编辑　杜婷婷　美术编辑　吕欣童　版式设计　孙跃红

责任校对　郭惠兰　责任印制　李玉山

ISBN 978-7-5024-8028-8

冶金工业出版社出版发行；各地新华书店经销；北京建宏印刷有限公司印刷

2017 年 10 月第 1 版，2019 年 11 月第 2 版，2021 年 7 月第 4 次印刷

787mm×1092mm　1/16；10. 75 印张；256 千字；158 页

32. 00 元

冶金工业出版社　投稿电话　(010)64027932　投稿信箱　tougao@cnmip.com.cn

冶金工业出版社营销中心　电话　(010)64044283　传真　(010)64027893

冶金工业出版社天猫旗舰店　yjgycbs. tmall. com

（本书如有印装质量问题，本社营销中心负责退换）

第2版前言

为了适应太阳能光热技术的迅速发展和培养创新性应用型人才的需要，本书在保持第1版特色的前提下，对第1版部分章节的文字内容、图表等进行了删减以及适当调整、充实和完善，增加了第9章内容，力求做到内容有所扩充、体系更加完整、结构更加合理。主要修订内容如下：

（1）替换了太阳和太阳辐射能这部分基础知识，增加了太阳角度的定义和计算、太阳辐射、大气对太阳辐射的影响。这些知识是学生了解太阳和太阳辐射能的基础，同时也为太阳能热利用系统的设计做好理论准备。

（2）删除了平板型太阳能集热器和真空管型太阳能集热器的产品命名和结构尺寸。这部分内容在国家标准中介绍得非常详细，因此本书不再介绍。

（3）根据太阳能光热技术的发展，增加了太阳能中高温热利用部分，主要包括中高温集热技术、中高温储热技术、中高温热交换技术、中高温控制与跟踪技术。

参与本次修订的有德州学院孙如军、卫江红、王慧、孙莉和山东奥冠新能源集团孟祥辉。具体编写分工为：第1章、第2章由卫江红编写；第3章、第4章、第6章由孙如军编写；第5章、第8章由王慧编写；第7章由孙莉编写；第9章由孟祥辉编写。

由于编者水平所限，书中不妥之处，敬请读者批评指正。

编　者

2019年9月

第1版前言

太阳光普照大地，无论陆地还是海洋，无论高山还是岛屿，处处皆有。每年到达地球表面的太阳辐射能约相当于130万亿吨煤，其总量属现今世界上可以开发的最大能源。根据目前太阳产生的核能速率估算，氢的储量足够维持上百亿年，而地球的寿命也约为几十亿年，从这个意义上讲，可以说太阳的能量是用之不竭的。开发利用太阳能不会污染环境，它是最清洁的能源之一，可直接开发和免费使用，无须开采和运输，为人类创造了一种新的生活形态，使社会及人类进入一个节约能源减少污染的时代。

人们常采用光热转换、光电转换和光化学转换这三种形式来充分有效地利用太阳能。太阳能光热转换是目前世界范围内太阳能利用的一种最普及最主要的形式。

尽管我国在太阳能利用领域的从业人员有几百万，但是，由于太阳能行业是一个新兴的行业，目前国内各学校还没有培养这方面人才的专业，相关教材更是屈指可数，且大多数是为职业院校所用。有些企业根据职工培训需要，也编制了自己的教材，但从高等教育意义上讲，这样的教材只是针对某个产品或某个工程进行说明，有些类似于“产品说明书”或“项目说明书”，理论知识不够系统和深入。在应对全球气候变化，国家积极推进太阳能利用产业的今天，急需要出版相关的技术图书，为高校人才培养和企业技术人员培训提供有益的参考。

为了实现我国太阳能产业的快速发展，培养更多优秀的行业所需人才，我们编写了本书，旨在为太阳能热利用领域的工程技术人才培养提供支撑。本书系统讲解了太阳能热水系统及其设计的过程，同时又介绍了其余几种常见的太阳能热利用形式。既有一定的理论知识，结构严谨，编排科学，又有来自工程的实例讲解，易学易懂。

参与本书编写的有孙如军、姚俊红、卫江红、王锐和王慧。其中第1、2章由卫江红编写，第3、4章由姚俊红编写，第5、6章由孙如军编写，第7章由王锐编写，第 8 章由王慧编写。在本书编写过程中得到了陈洁、胡晓花等老师的热心指导，并参考了有关文献资料，在此一并表示感谢。

本书配套的教学课件读者可从冶金工业出版社官网（http://www.cnmip.com.cn）教学服务栏目中下载。

由于编者水平有限，本书中难免有不足或疏漏之处，敬请读者批评指正，并提出宝贵意见。

作　者

2017 年 3 月

目　录

1 绪 论

1.1 太阳能的发展

据记载，人类利用太阳能已有3000多年的历史，将太阳能作为一种能源和动力加以利用，也有300多年的历史，而真正将太阳能作为“近期急需的补充能源”和“未来能源结构的基础”，则是近年来的事情。

20世纪70年代以来，太阳能科技突飞猛进，太阳能利用技术日新月异。近代太阳能利用历史可以从1615年法国工程师所罗门·德·考克斯在世界上发明第一台太阳能驱动的发动机算起，该发动机是一台利用太阳能加热空气使其膨胀做功而抽水的机器。在1615~1900年之间，世界上又研制成多台太阳能动力装置和一些其他太阳能装置，这些动力装置几乎全部采用聚光方式采集阳光，发动机功率不大，工质主要是水蒸气，价格昂贵，实用价值不大，大部分为太阳能爱好者个人研究制造。20世纪的100年间，太阳能科学技术发展历史大体可分为七个阶段，下面分别予以介绍。

（1）第一阶段（1900~1920年）。在这一阶段，世界上太阳能研究的重点仍是太阳能动力装置，但采用的聚光方式更为多样化，且开始采用平板集热器和低沸点工质，装置逐渐扩大，最大输出功率达73.64kW，实用目的比较明确，但造价仍然很高。建成的典型装置有：

1）1901年，在美国加州建成一台太阳能抽水装置，采用截头圆锥聚光器，功率为7.36kW。

2）1902~1908年，在美国建造了五套双循环太阳能发动机，采用平板集热器和低沸点工质。

3）1913年，在埃及开罗以南建成一台由5个抛物槽镜组成的太阳能水泵，每个长62.5m，宽4m，总采光面积达$1250m^2$等。

（2）第二阶段（1920~1945年）。在这20多年中，太阳能研究工作处于低潮，参加研究工作的人数和研究项目大为减少，其原因与矿物燃料的大量开发利用和发生第二次世界大战（1935~1945年）有关，而太阳能又不能解决当时对能源的急需，因此太阳能研究工作逐渐受到冷落。

（3）第三阶段（1945~1965年）。在第二次世界大战结束后的20年中，一些有远见的人士已经注意到石油和天然气资源正在迅速减少，呼吁人们重视这一问题，从而逐渐推动了太阳能研究工作的恢复和开展，并且成立太阳能学术组织，举办学术交流和展览会，再次兴起太阳能研究热潮。在这一阶段，太阳能研究工作取得一些重大进展，比较突出的有：

1）1955年，以色列泰伯等在第一次国际太阳热科学会议上提出选择性涂层的基础理论，并研制成实用的黑镍等选择性涂层，为高效集热器的发展创造了条件。

2）1954 年，美国贝尔实验室研制成实用型硅太阳电池，为光伏发电大规模应用奠定了基础。

3）1952 年，法国国家研究中心在比利牛斯山东部建成一座功率为 50kW 的太阳炉。

4）1960 年，在美国佛罗里达建成世界上第一套用平板集热器供热的氨-水吸收式空调系统，制冷能力为 5 冷吨。

5）1961 年，一台带有石英窗的斯特林发动机问世。

这一阶段，加强了太阳能基础理论和基础材料的研究，取得了太阳选择性涂层和硅太阳电池等技术上的重大突破。平板集热器有了很大的发展，技术上逐渐成熟。太阳能吸收式空调的研究取得进展，建成一批实验性太阳房。对难度较大的斯特林发动机和塔式太阳能热发电技术进行了初步研究。

（4）第四阶段（1965～1973 年）。这一阶段，太阳能的研究工作停滞不前，主要原因是太阳能利用技术处于成长阶段，尚不成熟，并且投资大，效果不理想，难以与常规能源竞争，因而得不到公众、企业和政府的重视和支持。

（5）第五阶段（1973～1980 年）。自从石油在世界能源结构中担当主角之后，石油就成了左右经济和决定一个国家生死存亡、发展和衰退的关键因素，1973 年 10 月爆发中东战争，石油输出国组织采取石油减产、提价等办法，支持中东人民的斗争，维护本国的利益。其结果是使那些依靠从中东地区大量进口廉价石油的国家，在经济上遭到沉重打击。于是，一些西方人惊呼：世界发生了“能源危机”（有的称“石油危机”）。这次“危机”在客观上使人们认识到，现有的能源结构必须彻底改变，应加速向未来能源结构过渡，从而使许多国家，尤其是工业发达国家，重新加强了对太阳能及其他可再生能源技术发展的支持，在世界上再次兴起了开发利用太阳能热潮。

1973 年，美国制定了政府级阳光发电计划，太阳能研究经费大幅度增长，并且成立太阳能开发银行，促进太阳能产品的商业化。日本在 1974 年公布了政府制定的“阳光计划”，其中太阳能的研究开发项目有太阳房、工业太阳能系统、太阳热发电、太阳电池生产系统、分散型和大型光伏发电系统等。为实施这一计划，日本政府投入了大量人力、物力和财力。

20 世纪 70 年代初世界上出现的开发利用太阳能热潮，对我国也产生了巨大影响。一些有远见的科技人员，纷纷投身太阳能事业，积极向政府有关部门提建议，出书办刊，介绍国际上太阳能利用动态；在农村推广应用太阳灶，在城市研制开发太阳能热水器，空间用的太阳电池也开始在地面应用。1975 年，在河南安阳召开“全国第一次太阳能利用工作经验交流大会”，进一步推动了我国太阳能事业的发展。这次会议之后，太阳能研究和推广工作纳入了我国政府计划，获得了专项经费和物资支持。一些大学和科研院所，纷纷设立太阳能课题组和研究室，有的地方开始筹建太阳能研究所。当时，我国也兴起了开发利用太阳能的热潮。这一时期，太阳能开发利用工作处于前所未有的大发展时期，具有以下特点：

1）各国加强了太阳能研究工作的计划性，不少国家制定了近期和远期阳光计划。开发利用太阳能成为政府行为，支持力度大大加强。国际间的合作十分活跃，一些第三世界国家开始积极参与太阳能开发利用工作。

2）研究领域不断扩大，研究工作日益深入，取得一批较大成果，如 CPC、真空集热管、非晶硅太阳电池、光解水制氢、太阳能热发电等。

3）各国制定的太阳能发展计划，普遍存在要求过高、过急问题，对实施过程中的困难估计不足，希望在较短的时间内取代矿物能源，实现大规模利用太阳能。例如，美国曾计划在1985年建造一座小型太阳能示范卫星电站，1995年建成一座5000MW空间太阳能电站。事实上，这一计划后来进行了调整，至今空间太阳能电站还未升空。

4）太阳能热水器、太阳能电池等产品开始实现商业化，太阳能产业初步建立，但规模较小，经济效益尚不理想。

（6）第六阶段（1980~1992年）。20世纪70年代兴起的开发利用太阳能热潮，进入20世纪80年代后不久开始落潮，逐渐进入低谷。世界上许多国家相继大幅度削减太阳能研究经费，其中美国最为突出。导致这种现象的主要原因是：世界石油价格大幅度回落，而太阳能产品价格居高不下，缺乏竞争力；太阳能技术没有重大突破，提高效率和降低成本的目标没有实现，以致动摇了一些人开发利用太阳能的信心；核电发展较快，对太阳能的发展起到了一定的抑制作用。

受20世纪80年代国际上太阳能低落的影响，我国太阳能研究工作也受到一定程度的削弱，有人甚至提出，太阳能利用投资大、效果差、贮能难、占地广，认为太阳能是未来能源，主张外国研究成功后我国再引进技术。虽然持有这种观点的人是少数，但十分有害，对我国太阳能事业的发展造成了不良影响。

然而，在这一阶段，虽然太阳能开发研究经费大幅度削减，但研究工作并未中断，有的项目进展较大，而且促使人们认真地去审视以往的计划和制定的目标，调整研究工作重点，争取以较少的投入取得较大的成果。

（7）第七阶段（1992年至今）。由于大量燃烧矿物能源造成了全球性的环境污染和生态破坏，对人类的生存和发展构成威胁。在这种背景下，1992年联合国在巴西召开“世界环境与发展大会”，会议通过了《里约热内卢环境与发展宣言》《21世纪议程》和《联合国气候变化框架公约》等一系列重要文件，把环境与发展纳入统一的框架，确立了可持续发展的模式。这次会议之后，世界各国加强了清洁能源技术的开发，将利用太阳能与环境保护结合在一起，使太阳能利用工作走出低谷，逐渐得到加强。

世界环境与发展大会之后，我国政府对环境与发展十分重视，提出10条对策和措施，明确要“因地制宜地开发和推广太阳能、风能、地热能、潮汐能、生物质能等清洁能源”，制定了《中国21世纪议程》，进一步明确了太阳能重点发展项目。1995年国家计委、国家科委和国家经贸委制定了《新能源和可再生能源发展纲要》（1996~2010），明确提出我国在1996~2010年新能源和可再生能源的发展目标、任务以及相应的对策和措施。这些文件的制定和实施，对进一步推动我国太阳能事业发挥了重要作用。

1996年，联合国在津巴布韦召开“世界太阳能高峰会议”，会后发表了《哈拉雷太阳能与持续发展宣言》，会上讨论了《世界太阳能10年行动计划》（1996~2005）、《国际太阳能公约》和《世界太阳能战略规划》等重要文件。这次会议进一步表明了联合国和世界各国对开发太阳能的坚定决心，要求全球共同行动，广泛利用太阳能。1992年以后，世界太阳能利用又进入一个发展期，其特点是：太阳能利用与世界可持续发展和环境保护紧密结合，全球共同行动，为实现世界太阳能发展战略而努力；太阳能发展目标明确，重点突出，措施得力，有利于克服以往忽冷忽热、过热过急的弊端，保证太阳能事业的长期发展；在加大太阳能研究开发力度的同时，注意科技成果转化为生产力，发展太阳能产业，加速商业化进程，扩大太阳能利用领域和规模，经济效益逐渐提高；国际太阳能领域的合作空前活跃，规模扩大，效果明显。

通过以上回顾可知，在本世纪100年间太阳能发展道路并不平坦，一般每次高潮期后都会出现低潮期，处于低潮的时间大约有45年。太阳能利用的发展历程与煤、石油、核能完全不同，人们对其认识差别大，反复多，发展时间长。

这一方面说明太阳能开发难度大，短时间内很难实现大规模利用；另一方面也说明太阳能利用还受矿物能源供应、政治和战争等因素的影响，发展道路比较曲折。尽管如此，从总体来看，20世纪取得的太阳能科技进步仍比以往任何一个世纪都大。

1.2 能源现状

能源的生产和消耗与整个国民经济的发展及人民生活水平的提高有着密不可分的关系，提高现有能源的利用、开发可再生能源是保证我国能源长期供应平衡的先决条件。就我国目前能源利用的状况看，我国要实现经济高速增长，保证资源的可持续发展，只有开发利用可再生能源或是创造出比发达国家更高的能源效率。

1.2.1 中国的能源状况

我们的日常生活与能源息息相关。无论是在发展农业、工业、科学技术、国防，还是提高人民生活水平，能源都是首先要面临的问题。随着我国经济的快速增长，人们对能源的需求量大幅度增加，因此，能源的合理应用与高效有规划的开发成为本世纪人类现代社会文明的标志。但是，能源的开发与利用要受到多种因素的限制，比如技术因素、经济状况、资源量和地理环境因素等。有相关统计表明，人们对地球矿物采取的无节制的开采最终将导致能源殆尽，无节制的开采会导致天然气只够使用60年，煤的储存量只够使用200年，而石油的量只够供给40年。20世纪80年代以来，我国以每年约为5%的增长率提高对能源的需求量，这个数值是世界平均增长率的3倍。从20世纪90年代开始，我国就已经成为能源的净进口国；从2004年开始，我国进口原油量为1.2亿吨，占世界贸易量的6%。据相关专业人士估算，中国未来的能源供需的缺口将越来越大。从现在国际能源利用的形式上来看，在不断产生并且采用新技术、推进节能、加速可再生能源开发利用以及依靠市场力量优化资源配置的条件下，到2010年为止，我国短缺能源将达到8%，到2050年将达到24%，在这中间，石油的短缺量将要达到4.4亿吨标煤。

目前，从国内外形势来看，经济发展带来的能源安全和环境问题已日益突出，给我国的可持续发展带来了潜在的压力和威胁。在未来，如果在能源的使用过程中，大气环境的污染得不到有效的治理，到2020年，城市中受到污染的人口将达到4.9亿人，这个数目占同期全国总人口的1/3。自古以来，在我国，煤炭由于存储量大，使用简单方便等优点而被广泛应用，但同时煤炭在燃烧过程中产生的二氧化碳、氮氧化物和硫化物等有害气体，对环境造成了极大的伤害，我国成为世界上已经出现酸雨的第三大片区域。每年pH值小于5.6的酸雨城市主要分布在长江以南、四川盆地和青藏高原以东的广大地区，西南、华东、华中以及华南地区一直以来都是酸雨污染严重的区域。因此，面对能源危机和环境保护的双重压力，我们必须立即调整和改善我国能源使用结构，对安全、可靠的清洁能源即新能源和可再生能源开发利用，并且在能源结构中提高新能源所占的比重，这同样是实现经济社会可持续发展的重要保证。

1.2.2 我国对使用可再生能源的重视

我国的能源结构呈多元化发展，可再生能源和新能源逐步迈进主力能源的地位。我国一直都很关注可再生能源的利用和发展，并在各项法律法规上颁布相关技术规范。在法律法规层面，已有的相关法律法规有《节约能源法》《城市规划法》《可再生能源法》《城市用地分类与规划建设用地标准》《民用建筑节能管理规定》《建筑节能管理条例》。正在进行的工作有制订“新能源和可再生能源资源开发利用管理条例”和“新能源和可再生能源促进法”等。

在标准规范层面，已有的相关标准规范有《采暖通风和空气调节设计规范》《建筑照明设计标准》《民用建筑节能管理规定》《民用建筑节能设计标准（采暖居住建筑部分）》《夏热冬冷地区居住建筑节能设计标准》《采暖居住建筑节能检验标准》《公共建筑节能设计标准》《建筑能耗统计标准》《建筑节能工程施工验收规范》等。

在政策措施层面，已有的政策、文件有《可再生能源建筑应用城市示范实施方案》《加快推进农村地区可再生能源建筑应用的实施方案》《财政部、建设部关于推进可再生能源在建筑中应用实施意见》《财政部、建设部关于印发〈可再生能源建筑应用专项资金管理暂行办法〉的通知》《财政部、建设部关于加强可再生能源建筑应用示范管理的通知》《建筑节能技术政策》《关于实施〈夏热冬冷地区居住建筑节能设计标准〉的通知》《建筑节能“十一五”计划纲要》《关于新建居住建筑严格执行节能设计标准的通知》《建筑节能经济激励政策》等。国家对建筑垃圾的分类所正在进行的工作有：进一步完善各级经济激励政策体系，逐步建立健全税收、信贷、投资、价格、补贴等方面的经济激励政策、刺激新能源和可再生能源市场需求增长的培育政策等。

1.3 太阳能利用的意义

1.3.1 太阳能资源利用

几乎所有存在的自然能源广义上讲全部来自太阳能。由陆地、海洋、生物和大气等所接受的太阳能是各种自然能源的动力及源泉。现代绿色能源包括太阳能、热能、地热能和海洋能等。相比于另外几种绿色能源，太阳能的利用具有以下明显的特点：

（1）可以利用的领域辽阔。无论海洋还是陆地，岛屿还是高山都可以接收到太阳光的普照，太阳能处处有、时时有，太阳能不但可以直接被开发和利用，而且不需要运输。

（2）无污染型的清洁能源。开发利用太阳能，不会造成环境污染，是最清洁的能源利用形式之一。在环境污染越来越严重的今天，这一优点极其宝贵。

（3）能量巨大，但是存在能量密度低的缺点。每年到达地球表面上的太阳辐射能约相当于 130 万亿吨标煤，其总量属现今世界上可以开发的最大可再生资源。

（4）取之不尽。根据目前对太阳产生的核能速率估算，其内部氢的储量足够维持上百亿年，而目前地球的寿命也约为几十亿年，从这个意义上讲，太阳的能量是取之不尽、用之不竭的。

(5) 太阳能的热利用较易实现热能能级的匹配，尽可能做到热尽其用。

鉴于以上论述的特点，太阳能必然会成为新能源中的佼佼者，利用太阳能代替传统能源将成为当今乃至今后促进经济可持续发展，解决能源危机的首要选择，可以称得上是世界上最丰富的永久性能源。

1.3.2 我国利用太阳能的条件

我国能源从总体角度上说是相当丰富的，水力资源理论储存量居世界第一位，煤炭存储量位居第三位，石油存储量居第八位，天然气存储量居 16 位。但是，尽管我国把发展能源放在优先的地位，但是我国人口众多，造成人均资源相当不足，基础较差。

在我国发展太阳能等可再生能源的利用还是有相当的前景。我国国土幅员辽阔，太阳能资源非常丰富。地球上太阳能资源一般用全年总辐射量（$J/(m^2 \cdot a)$）和年日照时数表示。相关气象资料表明，我国陆地表面每年接收的太阳辐射能约 5.0×10^{19}kJ，全国范围内的各地区全年总辐射量达 $3.35\times10^6 \sim 8.37\times10^6 kJ/(m^2 \cdot a)$；全国总面积的 2/3 以上地区，年日照时数大于 2200h，总辐射量高于 $5.86\times10^6 kJ/(m^2 \cdot a)$。青海、甘肃、新疆、宁夏、西藏、内蒙古高原的总辐射量和日照时数为全国最高，属太阳能资源较为丰富的地区；除贵州省、四川盆地地区的太阳能资源稍差外，东北、南部及东部等其他地区为资源较丰富或中等地区。

复习思考题

1-1 简述太阳能利用的发展历程。

1-2 简述中国目前的能源状况。

1-3 太阳能利用有何意义?

1-4 详述我国太阳能资源的分布状况。

2　太阳能利用基础知识

2.1　太阳和太阳辐射能

2.1.1　太阳在空间的位置

地球上某处所接收的太阳能辐射能量与太阳相对地球的位置有关，因此在太阳能应用的工程计算中要用到一些几何关系来描述所处位置与太阳能的关系，并可计算出太阳能集热器接收面所接收的太阳能辐射量。

2.1.1.1　太阳角度定义

（1）纬度 ϕ：赤道北或南从地球中心到观察者的位置连线与赤道平面间的夹角，赤道北为正，南半球为负；$-90° \leqslant \phi \leqslant 90°$。

（2）太阳赤纬 δ：通过地日中心的连线与通过赤道的平面间的夹角，北半球为正，南半球为负；$-23.45° \leqslant \delta \leqslant 23.45°$。

（3）集热器倾斜角 β：集热器平面与水平面的夹角；$0° \leqslant \beta \leqslant 180°$。

（4）集热器方位角 γ：集热器在水平面上的投影偏离所在位置子午线平面的角度。并规定正南方为0°，向西为正，向东为负。它的变化范围是：$-180° \leqslant \gamma \leqslant +180°$。

（5）时角 ω：地球自转时转过的角度，也称太阳时角，地球自转一周是360°，对应时间为24h，因此每小时地球自转的角度为15°，并规定正午12点时的时角为0，上午为负，下午为正。

（6）太阳入射角 θ：投射到集热器表面的太阳光线与表面的法线的夹角。

（7）太阳高度角 α：地面某一观察点太阳光线与光线在该点水平面上的投影的夹角。

（8）太阳方位角 γ_S：太阳光线在水平面上的投影从正南方向角度偏移量。

（9）天顶角 θ_Z：太阳中心与所在地表面观察点的连线与该点的垂直线间的夹角。

以上太阳能角度如图2-1所示。

2.1.1.2　太阳角度的有关公式

A　赤纬角 δ

由于地轴的倾斜角永远保持不变，致使赤纬随地球在公转轨道上的位置随日期的不同而变化，全年赤纬在+23.45°～-23.45°之间变化，从而形成了一年中春、夏、秋、冬四季的更替。赤纬角只随时间变化，跟地理位置无关，世界上不同的地区只要是具有相同的日期，就有相同的赤纬角。赤纬在一年中随时都在变化，因此可用式（2-1）计算赤纬角 δ。

$$\delta = 23.45\sin\left(\frac{2\pi d}{365}\right) \tag{2-1}$$

或

$$\delta = 23.45\sin\left(360 \times \frac{284+n}{365}\right) \tag{2-2}$$

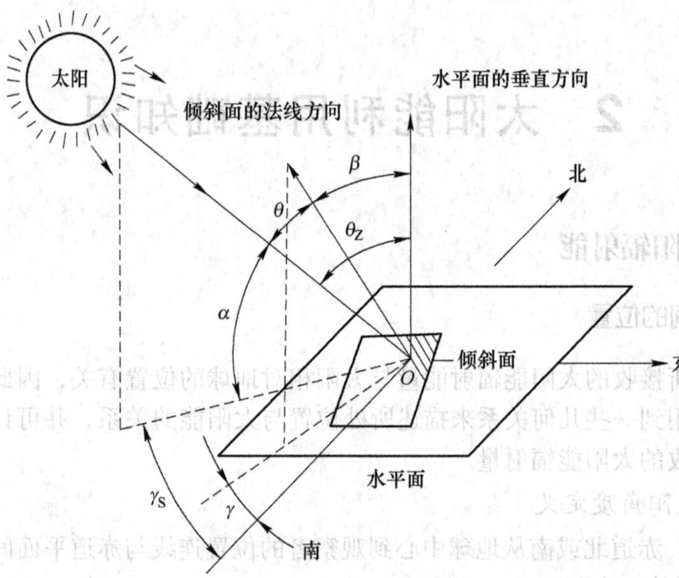

图 2-1 太阳角度

式中，δ 为年中第 n 天的赤纬；d 为由春分日起算的日期序列；n 为计算日在一年中的日期序号，具体见表 2-1。

表 2-1 各月的计算日期和各月的 n 值

月份	每月第 i 天的 n 值	选取每月中旬日期		
		日期	一年中的 n	赤纬 δ
1	i	17	17	-20.9
2	31+i	16	47	-13.0
3	59+i	16	75	-2.4
4	90+i	15	105	9.4
5	120+i	15	135	18.8
6	151+i	11	162	23.1
7	181+i	17	198	21.2
8	212+i	16	228	13.5
9	243+i	15	258	2.2
10	273+i	15	288	-9.6
11	304+i	14	318	-18.9
12	334+i	10	344	-23.0

赤纬从赤道平面算起，向北为正，向南为负。春分时，太阳光线与地球赤道面平行，赤纬为 0°，阳光直射赤道，且正好切过两极，南北半球昼夜相等。春分后，赤纬逐渐增加，到夏至达最大+23.45°，此时太阳光线直射地球北纬+23.45°，即北回归线上。以后赤纬逐日变小，秋分时的赤纬又变回到 0°。在北半球，从夏至到秋分为夏季，北极圈处在太

阳一侧，北半球昼长夜短，南半球夜长昼短，到秋分时又是日夜等长。当阳光又继续向南半球移动时，到冬至日，赤纬达到-23.45°，阳光直射南纬23.45°，即南回归线。这情况恰与夏至相反。冬至以后，阳光又向北移动，返回赤道，至春分太阳光线与赤道平行。如此周而复始。地球在绕太阳公转的行程中，春分、夏至、秋分、冬至是4个典型的季节日，分别为春夏秋冬四季中间的日期。从天球上看，这4个季节把黄道等分成4个区段，若将每一个区段再等分成6小段，则全年可分为24小段，每小段太阳运行大约为15天左右。这就是我国传统历法——24节气。

B 时角 ω

昼夜是因地球自转而形成的。一天时间的测定，是以地球自转为依据的，昼夜循环的现象给了测量时间的一种尺度。钟表指示的时间是均匀的，均以地方太阳时为准。

所谓地方平均太阳时，是以太阳通过当地的子午线时为正午12点来计算一天的时间。这样经度不同的地方，正午时间均不同，使用起来不方便。因此，规定在一定经度范围内统一使用一种标准时间，在该范围内同一时刻的钟点均相同。经国际协议，以本初子午线处的平均太阳时为世界时间的标准时。把全球按地理经度划为24个时区，每个时区包含地理经度15°。以本初子午线东西各7.5°为零时区，向东分为12个时区，向西分为12个时区。每个时区都按它的中央子午线的平均太阳时为计时标准，作为该时区的标准时。相邻两个时区的时间差为1h。

真太阳时是以当地太阳位于正南方向的瞬时为正午12时，地球自转15°为1h。但是由于太阳与地球之间的距离和相对位置随时间在变化，以及地球赤道与黄道平面的不一致，致使当地子午线与正南方向有一定差异，所以真太阳时比当地平均太阳时之间的差值称为时差。

某一时刻的当地太阳时角可用下式表达：

$$\omega=\left(H_S\pm\frac{L-L_S}{15}+\frac{e}{60}-12\right)\times15° \tag{2-3}$$

式中：H_S 为当地标准时间，单位为h（时）；L，L_S 分别为当地经度和地区标准时间位置的经度，对于东半球，式中±去正号，对于西半球去负号；e 为时差，单位为min（分钟），全年各日的时差可用下式近似计算：

$$e=9.87\sin2B-7.53\cos B-1.5\sin B$$

$$B=\frac{360(n-81)}{15},\ 1<n<365$$

C 太阳入射角 θ

太阳入射角与其他的角之间有着密切的关系，其表达式如下：

$$\begin{aligned}\cos\theta=&\sin\delta\sin\phi\cos\beta-\sin\delta\cos\phi\cos\gamma\sin\beta+\\&\cos\delta\cos\phi\cos\beta\cos\omega+\cos\delta\sin\phi\sin\beta\cos\omega\cos\gamma+\\&\cos\delta\sin\beta\sin\gamma\sin\omega\end{aligned} \tag{2-4}$$

或
$$\cos\theta=\cos\theta_Z\cos\beta+\sin\theta_Z\sin\beta\cos(\gamma_S-\gamma) \tag{2-5}$$

用此公式可以求出处于任何地理位置、任何季节、任何时候、太阳能集热器处于任何几何位置上的太阳入射角。由此可见，这是一个重要公式。此公式可以进行不同条件下的简化。当集热器方位角 $\gamma=0$，式（2-4）最后一项为 0，即：

$$\cos\theta=\sin\delta\sin(\phi-\beta)+\cos(\phi-\beta)\cos\delta\cos\omega$$

此式说明，北半球纬度为 ϕ 处，朝南放置（$\gamma=0$）、倾角为 β 的集热器表面上的太阳入射角，等于假想纬度（$\phi-\beta$）处水平表面上的入射角。它们之间的关系如图 2-2 所示。

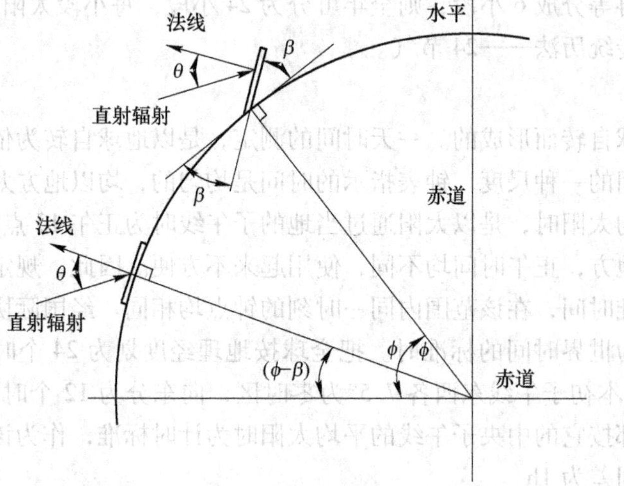

图 2-2 倾斜面上入射角与 ϕ、β 角的关系

D 太阳高度角 α 和太阳方位角 γ_S

太阳的空间位置可用太阳能高度角和方位角来确定。确定太阳高度角和方位角在建筑环境控制领域具有重要的作用。确定不同季节设计值，可以进行建筑朝向确定、建筑间距以及周围阴影区范围计算等建筑的日照设计，可以进行建筑的日射得热量与空调负荷的计算、进行建筑自然采光设计。

太阳高度角可用式（2-6）表达：

$$\sin\alpha=\sin\delta\sin\phi+\cos\delta\cos\phi\cos\omega \tag{2-6}$$

太阳方位角的计算公式为：

$$\sin\gamma_S=\frac{\sin\omega\cos\delta}{\cos\alpha} \tag{2-7}$$

E 太阳天顶角 θ_Z

根据定义，太阳天顶角与太阳高度角的关系为：

$$\theta_Z=90°-\alpha \tag{2-8}$$

2.1.2 太阳辐射

太阳是地球上光和热的主要源泉。太阳一刻不停息地把巨大的能量源源不断地传送到地球上来。那么，太阳是如何传送能量的呢？热量的传播有传导、对流和辐射三种。太阳主要是以辐射的形式向广阔无垠的宇宙传播热量和微粒的。太阳辐射能是地球上热量的基本来源，是决定太阳能热利用的主要因素，也是建筑外部最主要的气候条件之一。

2.1.2.1 太阳常数

太阳是一个直径相当于地球 110 倍的高温气团，其表面温度为 6000K 左右，内部温度则高达 2×10^7K。太阳辐射不断以电磁辐射形式向宇宙空间发射出巨大的能量。其辐射波长范围从 0.1μm 的 X 射线到 100m 的无线电波。

太阳辐射量的大小用辐射照度来表示。它是指 $1m^2$ 黑体表面在太阳辐射下所获得的辐射能通量，单位为 W/m^2。地球大气层外与太阳光线垂直的表面上的太阳辐射照度为 $1367W/m^2$，被称为太阳常数，用 I_0 表示。

由于太阳与地球之间的距离在逐日变化，地球大气层上边界处与太阳光线垂直的表面的太阳辐射照度也会随之变化，1 月 1 日最大，为 $1405W/m^2$，7 月 1 日最小，为 $1308W/m^2$，相差约 7%。计算太阳辐射时，如果按月份取不同的值，可达到比较高的精度。表 2-2 给出了各月大气层外边界太阳辐射照度。

表 2-2 各月大气层外边界各月太阳辐射照度

月份	1	2	3	4	5	6	7	8	9	10	11	12
辐射照度/$W\cdot m^{-2}$	1405	1394	1378	1353	1334	1316	1308	1315	1330	1350	1372	1392

2.1.2.2 电磁波

电磁波是由同时存在而又相互联系且呈周期性变化的电波和磁波构成的。电波和磁波彼此相互垂直，并且它们均垂直于电磁波的传播方向。

电磁波一般用波长、频率或波数来表征。波长 λ 为在周期波传播方向上一瞬间两相邻同相位点间的距离。波长与频率的关系为：

$$\lambda f=c$$

式中，c 为电磁波在真空中的传播速度；f 为单位时间内的周期，单位是 Hz。

电磁波是一个极宽的波谱，从宇宙射线到长达数公里乃至数千公里的交流电和长电震荡，构成一个完整的电磁波系列——电磁波谱。

以电磁波形式和粒子形式传播能量的过程为辐射。不同的辐射源所发射的电磁波的波长范围是不同的。根据最新的探测结果，太阳辐射的波长范围包括从 0.1nm 的宇宙射线直至无线电波的电波波谱的绝大部分，人眼所能看到的那部分电磁辐射，在整个电磁波谱中只占很小的一部分。

在可见光范围内，由于波长的不同，反映到人的视觉神经上就产生不同的颜色感觉。色觉正常的人，在光亮条件下，能见到可见光的各种颜色。从长波到短波它们的排列顺序是：红色（700nm），橙色（620nm），黄色（580nm），绿色（510nm），蓝色（470nm），紫色（420nm）。

太阳辐射的波谱如图 2-3 所示，在各种波长的辐射中能转化为热能的主要是可见光和红外线。可见光的波长主要在 0.38~0.76μm 的范围内，是眼睛所能感知的光线，在照明学上具有重要的意义。波长在 0.76~0.63μm 的范围是红色，在 0.63~0.59μm 为橙色，在 0.59~0.56μm 为黄色，在 0.56~0.49μm 为绿色，在 0.49~0.45μm 为黄色，在 0.45~0.38μm 为紫色。太阳的总辐射能中约有 7%来自于波长为 0.38~0.76μm 的可见光，45.2%来自于波长在 0.76~3.0μm 的近红外线，2.2%来自于波长在 3.0μm 以上的长波红外线。当太阳辐射透过大气层时，由于大气层对不同波长的射线具有选择性的反射和吸收作用，到达地球表面的光谱成分发生了一些变化，而且在不同的太阳高度角下，太阳光的路径长度不同，导致光谱的成分变化也不相同。例如，紫外线和长波红外线所占的比例明显下降。再例如，当太阳高度角为 41. 8°、大气层质量 $m=1.5$ 时，在晴天条件下到达海平面的太阳辐射中紫外线占不到 3%，可见光约占 47%，红外线占 50%，太阳高度角越高，紫外线及可见光成分越多；红外线相反，它的成分随太阳高度角的增加而减少。

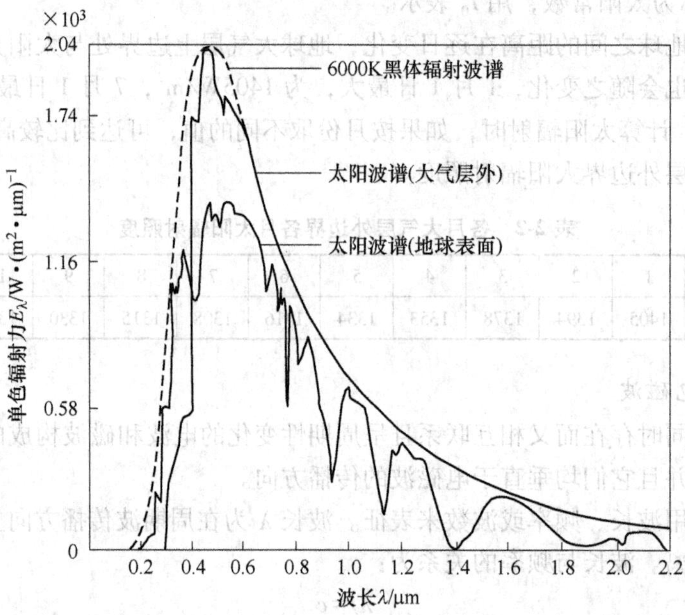

图 2-3 太阳辐射的波谱

2. 1. 2. 3 大气层对太阳辐射的吸收

太阳辐射量的大小与太阳能热利用有着密切的关系，而太阳辐射量又与太阳辐射的性质和大气气候条件紧密相关。太阳辐射的性质取决于太阳结构和特性，气候条件则由地球和太阳之间的时间、空间关系所决定。因此，要很好地开发、利用太阳能首先需了解太阳与地球之间的关系。

地球外表面有一层厚度约 30km 的大气层，太阳辐射在穿过大气层时受到大气中的二氧化碳、臭氧、水蒸气、灰尘等物的吸收、反射、散射，使到达地面的太阳辐照量显著减少，辐射光谱也随之发生了变化。如图 2-4 所示。据估计，大气层反射的能量约占太阳辐射总量的 30%，被吸收的约占 23%，其余 47%左右的能量才最终到达地球表面。

到达地球表面的太阳辐射有两部分组成，即直射辐射和散射辐射。直射辐射是指到达地面的太阳辐射中，不改变方向的太阳辐射。散射辐射是指到达地面的太阳辐射中，被大气层中的气体、灰尘等物折射、散射的太阳辐射。两部分辐射之和称为总辐射。不管是直接辐射还是散射辐射，对太阳能利用都很有意义。平板型太阳能集热器同时利用两种辐射，聚光型太阳能集热器主要利用直接辐射，有的非聚焦式太阳能集热器能利用大部分散射辐射。

在不同的天气条件下，直接辐射和散射辐射在总辐射中所占的比例差别很大。大气的透明度越差，散射辐射占的比例越大。在晴朗的天气，直接辐射可占总辐射的80%以上，但在晴天的阴影处，或在阴天，散射辐射可占100%。在白天房间内的光线，也都是散射光线。

大气对太阳辐射的削弱程度取决于射线在大气中行程的长短及大气层质量。而行程的长短又与太阳高度角和海拔高度有关。水平面上太阳直接辐射照度与太阳高度角、大气透明度成正比。在低纬度地区，太阳高度角高，阳光通过的大气层厚度较薄，因此太阳直接辐射照度较小。又如，在中午，太阳高度角大，太阳射线穿过大气层的射线短，直接辐射照度较大；早晨和傍晚的太阳高度角小，行程短，直接辐射照度较小。

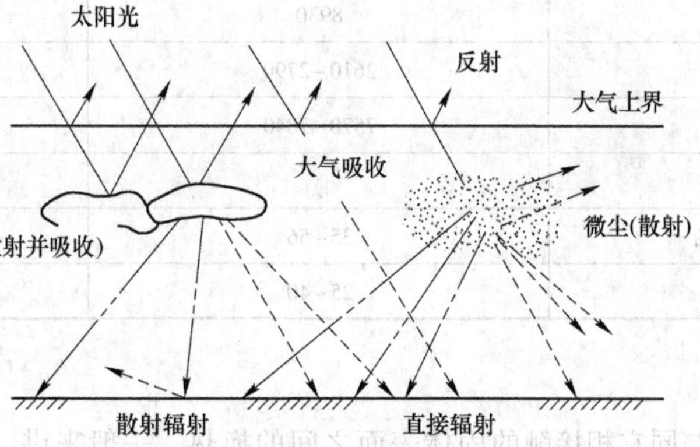

图 2-4 大气对太阳辐射的影响

2.1.2.4 太阳辐射相关术语

（1）太阳辐射。太阳能以电磁波或粒子形式的发射或传播。其能量主要集中在短波辐射范围内。

（2）辐射能（Q）。以辐射形式发射、传播或接收的能量。单位为焦耳（J）。

（3）辐射能通量 Φ（辐射功率）。以辐射形式发射、传播或接收的功率。单位为瓦（特）（W）。

（4）辐射度 M。离开表面一点处的面元的辐射能通量，除以该面元面积。单位为瓦（特）每平方米（W/m^2）。

（5）辐照度 E。照射到表面一点处的面元上的辐射能通量除以该面元的面积。单位为瓦（特）每平方米（W/m^2）。

（6）平均辐照度。给定时段内的辐照量与该时段持续时间之商。

（7）辐照量 H（曝辐量）。辐照度对时间的积分。单位为焦耳每平方米（J/m^2）。

2.2 热传递基本知识

热传递有三种基本方式：热传导、对流和辐射。

2.2.1 热传导

固体或静止不动的液体和气体，热量从高温端向低温端传送的方式称为热传导。单位

时间内通过传热面 A 的热量，称为传热量，用 Q 表示，单位为 W。常见材料的密度和导热系数见表 2-3。

$$Q=\lambda \cdot \Delta T \cdot A/L \tag{2-9}$$

式中，λ 为导热系数，是指单位时间内，物体的单位面积、单位温差在单位长度上传递热量的多少，是物质的固有特性，不同的材料在不同温度下，其导热系数 λ 不同，W/(m · ℃)；ΔT 为高温端和低温端的温差,℃；A 为传热体的截面积，m^2；L 为高温端到低温端的传热长度，m。

表 2-3　常用材料密度和导热系数

材料名称	密度/kg · m^{-3}	λ/W · (m · ℃)$^{-1}$
纯　铜	8930	389
铝合金	2610~2790	107~169
钢	7570~7840	36.7~49.8
矿　棉		0.0415
聚苯乙烯	35~56	0.0288
聚氨酯	25~40	0.0231

2.2.2　对流

对流是流体与同它相接触的固体表面之间的换热。一般来讲，流体相对运动速度越快，换热效果越好。对流换热的多少，用换热量 Q 表示，单位为 W。对流换热系数见表 2-4。

$$Q = a \cdot \Delta T \cdot A \tag{2-10}$$

式中，a 为换热系数，是指单位面积、单位温差的换热量，W/(m^2 · ℃)；ΔT 为固体表面和流体的温差,℃；A 为换热表面面积，m^2。

表 2-4　对流换热系数

工作流体及换热方式	a/W · (m^2 · ℃)$^{-1}$	工作流体及换热方式	a/W · (m^2 · ℃)$^{-1}$
空气，自然对流	4~7	水，强迫对流	3000~8000
空气，强迫对流	30~200	水，沸腾	>10000
水，自然对流	200~500		

例如，太阳平板集热器玻璃板与空气的换热，就是一个自然对流换热。假设玻璃板表面温度为 293℃，空气温度为 270℃，则表面积为 2m^2 的对流换热量为：

$$Q=a \cdot \Delta T \cdot A=6\times(293-270)\times 2=276\text{W}$$

2.2.3　辐射

自然界中的一切物体，只要温度在绝对温度零度（-273℃）以上，都以电磁波的形式时刻不停地向外传送热量，这种传送能量的方式称为辐射。物体通过辐射所放出的能量，称为辐射能。辐射能可以在真空中传播，而导热和对流只能在存在着气体、液体或固体介质时进行。辐射的能量中包含各种波长的电磁波，热辐射的波长范围近似地认为在0.7~50μm之间，属于红外区。物体温度越高，单位时间从物体表面单位面积上辐射的能量越大。

物体在一定温度下，单位表面积、单位时间内所反射的全部辐射能，称为该物体在该温度下的辐射能力，以E表示，单位为W/m^2。常见材料的表面发射率见表2-5。

$$E=\varepsilon \cdot C_0(T/100)^4 \tag{2-11}$$

式中，ε为物体的发射率；C_0为辐射常数，$C_0=5.77W/(m^2 \cdot K^4)$；$T$为物体的绝对温度，K。

表2-5 常用材料表面发射率

材料名称	绝对温度/K	ε	材料名称	绝对温度/K	ε
抛光紫铜	293	0.03	钢 板	293	0.657
粗糙铝板	293	0.06	平面玻璃	311	0.94

2.3 太阳能集热器

太阳辐射的能流密度低，在利用太阳能时为了获得足够的能量，或者为了提高温度，必须采用一定的技术和装置，对太阳能进行采集。

吸收太阳辐射并将产生的热能传递到传热工质的装置称为太阳能集热器。

2.3.1 太阳能集热器的分类

（1）按传热工质类型分为液体集热器和空气集热器。

1）液体集热器是指以液体作为传热工质的太阳集热器。

2）空气集热器是指用空气作为传热工质的太阳集热器。

（2）按进入采光口的太阳辐射是否改变方向分为聚光型集热器和非聚光型集热器。

1）聚光型集热器是指利用反射镜、透镜或其他光学器件将进入采光口的太阳辐射改变方向并会聚到吸热体上的太阳集热器。

2）非聚光型集热器是指进入采光口的太阳辐射不改变方向也不集中射到吸热体上的太阳集热器。

（3）按集热器是否跟踪太阳分为跟踪集热器和非跟踪集热器。

1）跟踪集热器是指以绕单轴或双轴旋转的方式全天跟踪太阳运动的太阳集热器。

2）非跟踪集热器是指全天都不跟踪太阳运动的太阳集热器。

（4）按集热器内是否有真空空间分为平板型集热器和真空管集热器。

1）平板型集热器是吸热体表面基本上为平板形状的非聚光型集热器。

2）真空管集热器是采用透明管（通常为玻璃管）并在管壁和吸热体之间有真空空间的太阳集热器。

（5）按集热器的工作温度范围分为低温集热器、中温集热器和高温集热器。

1）低温集热器是工作温度在100℃以下的太阳集热器。

2）中温集热器是工作温度在100~200℃的太阳集热器。

3）高温集热器是工作温度在200℃以上的太阳集热器。

2.3.2 常用太阳能集热器

目前市场上太阳能集热器主要分为平板集热器、真空管集热器、U形管集热器和热管集热器。

2.3.2.1 平板集热器

平板集热器由吸热体、透明盖板、隔热体和壳体等组成，如图2-5所示。它是利用太阳能来加热水的部件，但它不能独立工作，必须要与其他专用热水系统设备结合使用，通过集热器将热量传输到系统的储热箱，从而得到热水。

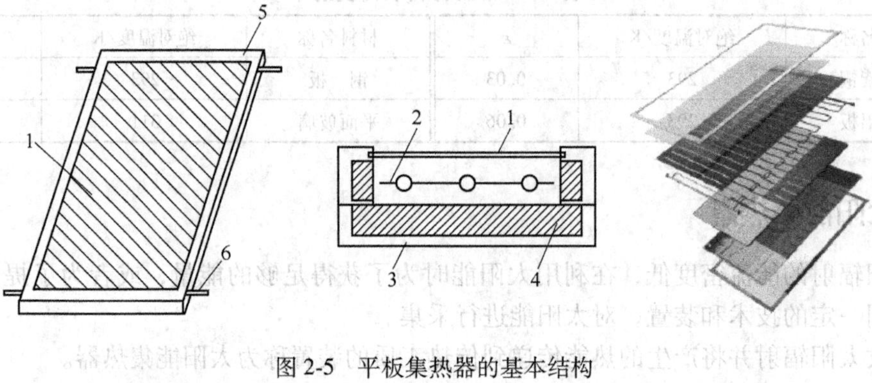

图2-5 平板集热器的基本结构

1—玻璃盖板；2—吸热体；3—壳体；4—保温材料；5—铝合金框架；6—连接管

2.3.2.2 真空管集热器

为了减少平板集热器的热损，提高集热温度，国际上在20世纪70年代研制成功真空集热管，其吸热体被封闭在高真空的玻璃真空管内，大大提高了热性能。将若干支真空集热管组装在一起，即构成真空管集热器，为了增加太阳光的采集量，有的在真空集热管的背部还加装了反光板。真空集热管大体可分为全玻璃真空集热管、玻璃-U形管真空集热管、玻璃-金属热管真空集热管、直通式真空集热管和储热式真空集热管。最近，我国还研制成全玻璃热管真空集热管和新型全玻璃直通式真空集热管。我国自1978年从美国引进全玻璃真空集热管的样管以来，经20多年的努力，我国已经建立了拥有自主知识产权的现代化全玻璃真空集热管的产业，用于生产集热管的磁控溅射镀膜机在百台以上，产品质量达世界先进水平，产量居世界前列。我国自20世纪80年代中期开始研制热管真空集热管，经过十几年的努力，攻克了热压封等许多技术难关，建立了拥有全部知识产权的热管真空管生产基地，产品质量达到世界先进水平，生产能力居世界前列。目前，直通式真空集热管生产线正在加紧进行建设，产品即将投放市场。其基本结构如图2-6所示。

2.3.2.3 U形管集热器

U形管集热器的结构如图2-7所示，当太阳光照射到真空管上，真空管吸收阳光，把阳光化为热量，并通过传热翅片将转化的热量传给U形管，从而加热U形管内部的导热介质，导热介质在U形管与水箱之间循环将热量传递给冷水，从而将冷水逐渐加热为热水。

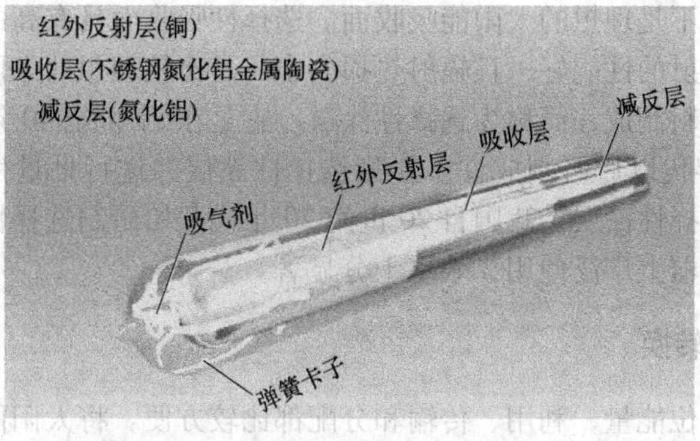

图 2-6 真空管型太阳能集热器的基本结构

2.3.2.4 热管集热器

热管集热器是太阳光照射到真空管上，光能被真空管上的选择型吸收涂层吸收转化为热能，并通过传热翅片将转化的热量传递给热管，使热管蒸发管段内的工质迅速汽化，工质蒸汽上升到热管冷凝端后凝结，释放出蒸发潜热，凝结后液态工质依靠自身重力流回蒸发段，反复此过程，将热量传递给集热器内的水，从而将水加热。其原理如图 2-8 所示。

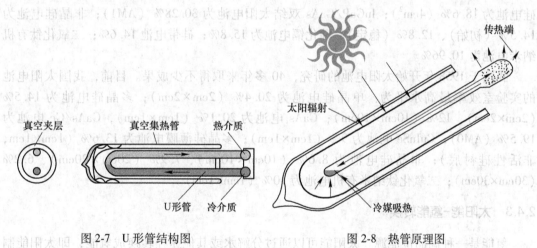

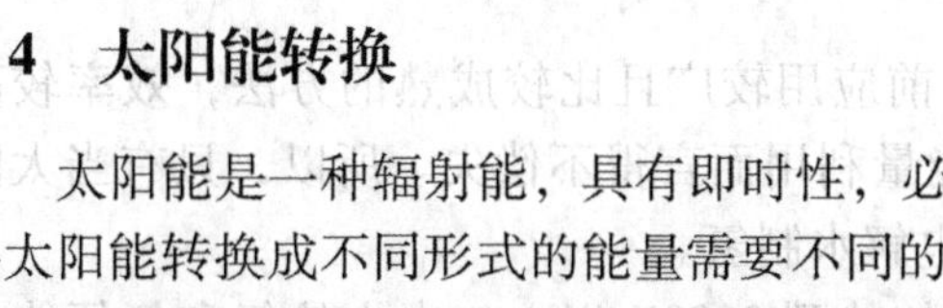

图 2-7 U形管结构图

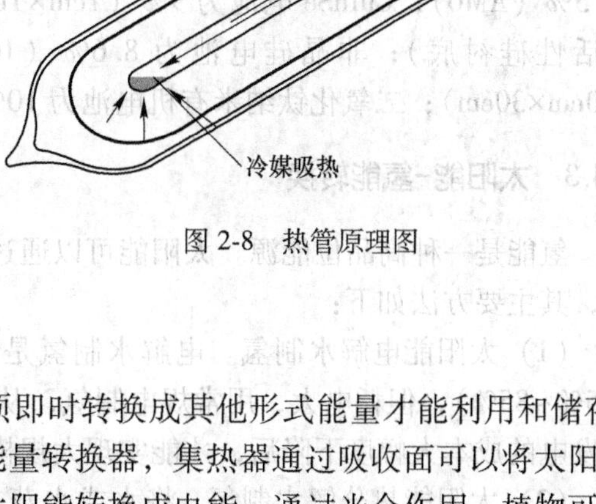

图 2-8 热管原理图

2.4 太阳能转换

太阳能是一种辐射能，具有即时性，必须即时转换成其他形式能量才能利用和储存。将太阳能转换成不同形式的能量需要不同的能量转换器，集热器通过吸收面可以将太阳能转换成热能；利用光伏效应太阳电池可以将太阳能转换成电能；通过光合作用，植物可以将太阳能转换成生物质能，等等。原则上，太阳能可以直接或间接转换成任何形式的能量，但转换次数越多，最终太阳能转换的效率便越低。

2.4.1 太阳能-热能转换

黑色吸收面吸收太阳辐射，可以将太阳能转换成热能，其吸收性能好，但辐射热损失大，所以黑色吸收面不是理想的太阳能吸收面。选择性吸收面具有高的太阳吸收比和低的发射比，吸收太阳辐射的性能好，且辐射热损失小，是比较理想的太阳能吸收面。这种吸收面由选择性吸收材料制成，简称为选择性涂层。它是在20世纪40年代提出的，1955年达到实用要求，70年代以后研制成许多新型选择性涂层并进行批量生产和推广应用，目前已研制成上百种选择性涂层。我国自20世纪70年代开始研制选择性涂层，取得了许多成果，并在太阳集热器上广泛使用，效果十分显著。

2.4.2 太阳能-电能转换

电能是一种高品位能量，利用、传输和分配都比较方便。将太阳能转换为电能是大规模利用太阳能的重要技术基础，世界各国都十分重视，其转换途径很多，有光电直接转换，有光热电间接转换等。这里重点介绍光电直接转换器件——太阳电池。世界上，1941年出现有关硅太阳电池报道，1954年研制成效率达6%的单晶硅太阳电池，1958年太阳电池应用于卫星供电。在20世纪70年代以前，由于太阳电池效率低，售价昂贵，主要应用在空间。70年代以后，对太阳电池材料、结构和工艺进行了广泛研究，在提高效率和降低成本方面取得较大进展，地面应用规模逐渐扩大，但从大规模利用太阳能而言，与常规发电相比，成本仍然太高。

目前，世界上太阳电池的实验室效率最高水平为：单晶硅电池为24%（$4cm^2$）；多晶硅电池为18.6%（$4cm^2$）；InGaP/GaAs双结太阳电池为30.28%（AM1）；非晶硅电池为14.5%（初始）、12.8%（稳定）；碲化镉电池为15.8%；硅带电池14.6%；二氧化钛有机纳米电池为10.96%。

我国于1958年开始太阳电池的研究，40多年来取得不少成果。目前，我国太阳电池的实验室效率最高水平为：单晶硅电池为20.4%（2cm×2cm）；多晶硅电池为14.5%（2cm×2cm）、12%（10cm×10cm）；GaAs电池为20.1%（1cm×1cm），GaAs/Ge电池为19.5%（AM0）；CuInSe电池为9%（1cm×1cm）；多晶硅薄膜电池为13.6%（1cm×1cm，非活性硅衬底）；非晶硅电池为8.6%（10cm×10cm）、7.9%（20cm×20cm）、6.2%（30cm×30cm）；二氧化钛纳米有机电池为10%（1cm×1cm）。

2.4.3 太阳能-氢能转换

氢能是一种高品位能源。太阳能可以通过分解水或其他途径转换成氢能，即太阳能制氢，其主要方法如下：

（1）太阳能电解水制氢。电解水制氢是目前应用较广且比较成熟的方法，效率较高（75%~85%），但耗电大，用常规电制氢，从能量利用而言得不偿失。所以，只有当太阳能发电的成本大幅度下降后，才能实现大规模电解水制氢。

（2）太阳能热分解水制氢。将水或水蒸气加热到3000K以上，水中的氢和氧便能分解。这种方法制氢效率高，但需要高倍聚光器才能获得如此高的温度，一般不采用这种方法制氢。

（3）太阳能热化学循环制氢。为了降低太阳能直接热分解水制氢要求的高温，发展了一种热化学循环制氢方法，即在水中加入一种或几种中间物，然后加热到较低温度，经历不同的反应阶段，最终将水分解成氢和氧，而中间物不消耗，可循环使用。热化学循环分解的温度大致为900~1200K，这是普通旋转抛物面镜聚光器比较容易达到的温度，其分解水的效率在17.5%~75.5%。存在的主要问题是中间物的还原，即使按99.9%~99.99%还原，也还要作0.1%~0.01%的补充，这将影响氢的价格，并造成环境污染。

（4）太阳能光化学分解水制氢。这一制氢过程与上述热化学循环制氢有相似之处，在水中添加某种光敏物质作催化剂，增加对阳光中长波光能的吸收，利用光化学反应制氢。日本有人利用碘对光的敏感性，设计了一套包括光化学、热电反应的综合制氢流程，每小时可产氢97L，效率达10%左右。

（5）太阳能光电化学电池分解水制氢。1972年，日本本多健一等人利用N型二氧化钛半导体电极作阳极，以铂黑作阴极，制成太阳能光电化学电池，在太阳光照射下，阴极产生氢气，阳极产生氧气，两电极用导线连接便有电流通过，即光电化学电池在太阳光的照射下同时实现了分解水制氢、制氧和获得电能。这一实验结果引起世界各国科学家高度重视，认为是太阳能技术上的一次突破。但是，光电化学电池制氢效率很低，仅0.4%，只能吸收太阳光中的紫外光和近紫外光，且电极易受腐蚀，性能不稳定，所以至今尚未达到实用要求。

（6）太阳光络合催化分解水制氢。从1972年以来，科学家发现三联吡啶钌络合物的激发态具有电子转移能力，并从络合催化电荷转移反应，提出利用这一过程进行光解水制氢。这种络合物是一种催化剂，它的作用是吸收光能、产生电荷分离、电荷转移和集结，并通过一系列偶联过程，最终使水分解为氢和氧。络合催化分解水制氢尚不成熟，研究工作正在继续进行。

（7）生物光合作用制氢。四十多年前发现绿藻在无氧条件下，经太阳光照射可以放出氢气；十多年前又发现，蓝绿藻等许多藻类在无氧环境中适应一段时间，在一定条件下都有光合放氢作用。目前，由于对光合作用和藻类放氢机理了解还不够，藻类放氢的效率很低，离实现工程化产氢还有相当大的距离。据估计，如藻类光合作用产氢效率提高到10%，则每天每平方米藻类可产氢9mol，用50000km^{2}接收的太阳能，通过光合放氢工程即可满足美国的全部燃料需要。

2.4.4 太阳能-生物质能转换

通过植物的光合作用，太阳能把二氧化碳和水合成有机物（生物质能）并放出氧气。光合作用是地球上最大规模转换太阳能的过程，现代人类所用燃料是远古和当今光合作用固定的太阳能，目前，光合作用机理尚不完全清楚，能量转换效率一般只有百分之几，今后对其机理的研究具有重大的理论意义和实际意义。

2.4.5 太阳能-机械能转换

20世纪初，俄国物理学家实验证明光具有压力。20年代，前苏联物理学家提出，利用在宇宙空间中巨大的太阳帆，在阳光的压力作用下可推动宇宙飞船前进，将太阳能直接转换成机械能。科学家估计，在未来10~20年内，太阳帆设想可以实现。通常，太阳能转换为机械能，需要通过中间过程进行间接转换。

2.5 太阳能储存

地面上接收到的太阳能，受气候、昼夜、季节的影响，具有间断性和不稳定性。因此，太阳能储存十分必要，尤其对于大规模利用太阳能更为必要。太阳能不能直接储存，必须转换成其他形式能量才能储存。大容量、长时间、经济地储存太阳能，在技术上比较困难。21 世纪初建造的太阳能装置几乎都不考虑太阳能储存问题，目前太阳能储存技术也还未成熟，发展比较缓慢，研究工作有待加强。

2.5.1 热能储存

2.5.1.1 显热储存

利用材料的显热储能是最简单的储能方法。在实际应用中，水、沙、石子、土壤等都可作为储能材料，其中水的比热容最大，应用较多。20 世纪七八十年代曾有利用水和土壤进行跨季节储存太阳能的报道。但材料显热较小，储能量受到一定限制。

2.5.1.2 潜热储存

利用材料在相变时放出和吸入的潜热储能，其储能量大，且在温度不变情况下放热。在太阳能低温储存中常用含结晶水的盐类储能，如十水硫酸钠/水氯化钙、十二水磷酸氢钠等。但在使用中要解决过冷和分层问题，以保证工作温度和使用寿命。太阳能中温储存温度一般在 100~500℃，通常在 300℃左右。适宜于中温储存的材料有高压热水、有机流体和共晶盐等。太阳能高温储存温度一般在 500℃以上，目前正在试验的材料有金属钠和熔融盐等。1000℃以上极高温储存，可以采用氧化铝和氧化锗耐火球。

2.5.1.3 化学储热

利用化学反应储热，储热量大，体积小，重量轻，化学反应产物可分离储存，需要时才发生放热反应，储存时间长。真正能用于储热的化学反应必须满足以下条件：反应可逆性好，无副反应；反应迅速；反应生成物易分离且能稳定储存；反应物和生成物无毒、无腐蚀、无可燃性；反应热大，反应物价格低等。目前已筛选出一些化学吸热反应能基本满足上述条件，如 $Ca(OH)_2$ 的热分解反应，利用上述吸热反应储存热能，用热时则通过放热反应释放热能。但是，$Ca(OH)_2$ 在大气压脱水反应温度高于 500℃，利用太阳能在这一温度下实现脱水十分困难，加入催化剂可降低反应温度，但仍相当高。所以，对化学反应储存热能尚需进行深入研究，一时难以实用。其他可用于储热的化学反应还有金属氢化物的热分解反应、硫酸氢铵循环反应等。

2.5.1.4 塑晶储热

1984 年，美国在市场上推出一种塑晶家庭取暖材料。塑晶学名为新戊二醇（NPG），它和液晶相似，有晶体的三维周期性，但力学性质像塑料。它能在恒定温度下储热和放热，但不是依靠固-液相变储热，而是通过塑晶分子构型发生固-固相变储热。塑晶在恒温 44℃时，白天吸收太阳能而储存热能，晚上则放出白天储存的热能。美国对 NPG 的储热性能和应用进行了广泛的研究，将塑晶熔化到玻璃和有机纤维墙板中可用于储热，将调整配比后的塑晶加入玻璃和纤维制成的墙板中，能制冷降温。我国对塑晶也开展了一些实验研究，但尚未实际应用。

2.5.1.5 太阳池储热

太阳池是一种具有一定盐浓度梯度的盐水池，可用于采集和储存太阳能。它因其简单、造价低和宜于大规模使用，而引起人们的重视。20 世纪 60 年代以后，许多国家对太阳池开展了研究，以色列还建成三座太阳池发电站。70 年代以后，我国对太阳池也开展了研究，初步得到一些应用。

2.5.2 电能储存

电能储存比热能储存困难，常用的是蓄电池，正在研究开发的是超导储能。世界上铅酸蓄电池的发明已有 100 多年的历史，它利用化学能和电能的可逆转换，实现充电和放电。铅酸蓄电池价格较低，但使用寿命短，重量大，需要经常维护。近来开发成功少维护、免维护铅酸蓄电池，使其性能有一定提高。目前，与光伏发电系统配套的储能装置，大部分为铅酸蓄电池。1908 年发明镍-铜、镍-铁碱性蓄电池，其使用维护方便，寿命长，重量轻，但价格较贵，一般在储能量小的情况下使用。现有的蓄电池储能密度较低，难以满足大容量、长时间储存电能的要求。新近开发的蓄电池有银锌电池、钾电池、钠硫电池等。某些金属或合金在极低温度下成为超导体，理论上电能可以在一个超导无电阻的线圈内储存无限长的时间。这种超导储能不经过任何其他能量转换直接储存电能，效率高，启动迅速，可以安装在任何地点，尤其是消费中心附近，不产生任何污染，但目前超导储能在技术上尚不成熟，需要继续研究开发。

2.5.3 氢能储存

氢可以大量、长时间储存。它能以气相、液相、固相（氢化物）或化合物（如氨、甲醇等）形式储存。

（1）气相储存。储氢量少时，可以采用常压湿式气柜、高压容器储存；大量储存时，可以储存在地下储仓、由不漏水土层覆盖的含水层、盐穴和人工洞穴内。

（2）液相储存。液氢具有较高的单位体积储氢量，但蒸发损失大。将氢气转化为液氢需要进行氢的纯化和压缩，正氢-仲氢转化，最后进行液化。液氢生产过程复杂，成本高，目前主要用作火箭发动机燃料。

（3）固相储氢。利用金属氢化物固相储氢，储氢密度高，安全性好。目前，基本能满足固相储氢要求的材料主要是稀土系合金和钛系合金。金属氢化物储氢技术研究已有 30 余年历史，取得了不少成果，但仍有许多课题有待研究解决。我国对金属氢化物储氢技术进行了多年研究，取得一些成果，目前研究开发工作正在深入。

2.5.4 机械能储存

太阳能转换为电能，推动电动水泵将低位水抽至高位，便能以位能的形式储存太阳能；太阳能转换为热能，推动热机压缩空气，也能储存太阳能。但在机械能储存中最受人关注的是飞轮储能。早在 20 世纪 50 年代有人提出利用高速旋转的飞轮储能的设想，但一直没有突破性进展。近年来，由于高强度碳纤维和玻璃纤维的出现，用其制造的飞轮转速大大提高，增加了单位质量的动能储量；电磁悬浮、超导磁浮技术的发展，结合真空技术，极大地降低了摩擦阻力和风力损耗；电力电子的新进展，使飞轮电机与系统的能量交换更加灵活。所以，近来飞轮技术已成为国际上的研究热点，美国有 20 多个单位从事这项研究工作，已研制成储能 20kW · h 飞轮，正在研制 5 ~ 100MW · h 超导飞轮。我国已研制成储能 0.3kW · h 的小型实验飞轮。在太阳能光伏发电系统中，飞轮可以代替蓄电池用于蓄电。

2.6 太阳能传输

太阳能不像煤和石油一样用交通工具进行运输，而是应用光学原理，通过光的反射和折射进行直接传输，或者将太阳能转换成其他形式的能量进行间接传输。

直接传输适用于较短距离，基本上有三种方法：（1）通过反射镜及其他光学元件组合，改变阳光的传播方向，达到用能地点；（2）通过光导纤维，可以将入射在其一端的阳光传输到另一端，传输时光导纤维可任意弯曲；（3）采用表面镀有高反射涂层的光导管，通过反射可以将阳光导入室内。

间接传输适用于各种不同距离。将太阳能转换为热能，通过热管可将太阳能传输到室内；将太阳能转换为氢能或其他载能化学材料，通过车辆或管道等可输送到用能地点；空间电站将太阳能转换为电能，通过微波或激光将电能传输到地面。太阳能传输包含许多复杂的技术问题，应认真进行研究，这样才能更好地利用太阳能。

复习思考题

2-1 简述太阳的构造。

2-2 简述太阳能集热器的作用及类型。

2-3 太阳能转换方式有哪些?

2-4 简述太阳能的储存方式及各自存在的问题。

2-5 列举常见的太阳能光热利用的形式。

3　平板型太阳集热器

平板型太阳集热器是一种接收太阳辐射并向其传热工质传递热量的非聚光型部件，其中吸热体结构基本为平板形状。平板型太阳集热器（以下简称平板集热器）是太阳能低温热利用的基本部件，也一直是世界太阳能市场的主导产品。平板集热器已广泛应用于生活用水加热、游泳池加热、工业用水加热、建筑物采暖与空调等诸多领域，是我国热带、亚热带地区，也一直是世界太阳能市场，尤其是欧美太阳能市场的主导产品。

3.1　平板集热器的集热原理

平板集热器主要由吸热板、透明盖板、隔热体和壳体等几部分组成，如图 3-1 所示。当平板集热器工作时，太阳辐射穿过透明盖板后，投射在吸热板上，被吸热板吸收并转换成热能，然后将热量传递给吸热板内的传热工质，使传热工质的温度升高，作为集热器的有用能量输出；与此同时，温度升高后的吸热板不可避免地要通过传导、对流和辐射等方式向四周散热，成为集热器的热量损失。

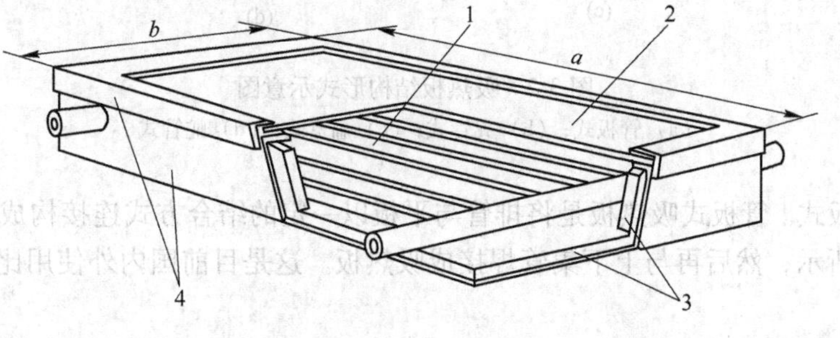

图 3-1　平板集热器（管板式）结构示意图
1—吸热板；2—透明盖板；3—隔热体；4—壳体

3.2　平板集热器的选材

3.2.1　吸热板

吸热板是平板集热器内吸收太阳辐射能并向传热工质传递热量的部件，其基本上是平板形状。

3.2.1.1　吸热板的技术要求

根据吸热板的功能及工程应用的需求，对吸热板有以下主要技术要求：

（1）太阳吸收比高。吸热板可以最大限度地吸收太阳辐射能。

（2）热传递性能好。吸热板产生的热量可以最大限度地传递给传热工质。

（3）与传热工质的相容性好。吸热板不会被传热工质腐蚀。

（4）具有一定的承压能力。便于将集热器与其他部件连接组成太阳能系统。

（5）加工工艺简单。便于批量生产及推广应用。

3.2.1.2　吸热板的结构形式

在平板形状的吸热板上，通常都布置有排管和集管。排管是指吸热板纵向排列并构成流体通道的部件；集管是指吸热板上下两端横向连接若干根排管并构成流体通道的部件。

吸热板的材料种类很多，有铜、铝合金、铜铝复合、不锈钢、镀锌钢、塑料、橡胶等。

根据国家标准 GB/T 6424—2007《平板型太阳集热器技术条件》，吸热板有管板式、翼管式、扁盒式和蛇管式等结构形式，如图 3-2 所示。

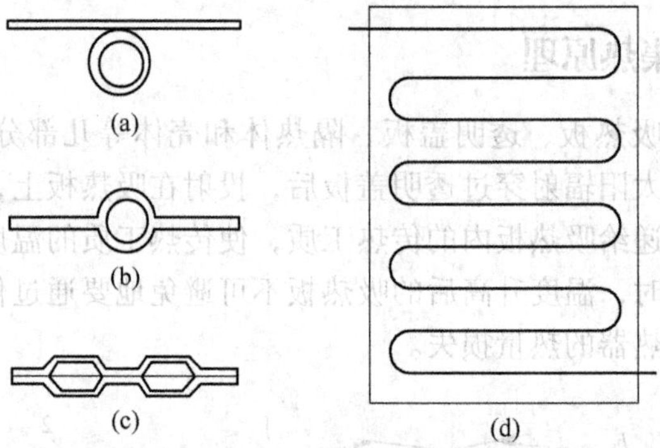

图 3-2　吸热板结构形式示意图

（a）管板式；（b）翼管式；（c）扁盒式；（d）蛇管式

（1）管板式。管板式吸热板是将排管与平板以一定的结合方式连接构成吸热条带，如图 3-2（a）所示，然后再与上下集管焊接成吸热板。这是目前国内外使用比较普遍的吸热板结构类型。

排管与平板的结合有多种方式，早期有捆扎、铆接、胶粘、锡焊等，但这些方式的工艺落后，结合热阻也比较大，后来已逐渐被淘汰；目前主要有热碾压吹胀、高频焊接、超声焊接等。

北京市太阳能研究所于 1986 年从加拿大引进一条具有国际先进水平的铜铝复合太阳条生产线，使我国平板集热器技术跨上一个新的台阶。之后，该项技术先后辐射到沈阳、烟台、广州、昆明、兰州等地，在全国又相继建立起十几条铜铝复合太阳条生产线。该项技术是将一根铜管置于两条铝板之间热碾压在一起，然后再用高压空气将它吹胀成型。铜铝复合板芯的优点是：

1）热效率高，热碾压使铜管和铝板之间达到冶金结合，无结合热阻。

2）水质清洁，太阳条接触水的部分是铜材，不会被腐蚀。

3）保证质量，整个生产过程实现机械化，使产品质量得以保证。

4）耐压能力强，太阳条是用高压空气吹胀成型的。

近年来，全铜吸热板正在我国逐步兴起，它是将铜管和铜板通过高频焊接或超声焊接工艺而连接在一起。全铜吸热板具有铜铝复合太阳条的所有优点：

1）热效率高，无结合热阻。

2）水质清洁，铜管不会被腐蚀。

3）保证质量，整个生产过程实现机械化。

4）耐压能力强，铜管可以承受较高的压力。

（2）翼管式。翼管式吸热板是利用模子挤压拉伸工艺制成金属管两侧连有翼片的吸热条带，如图 3-2（b）所示，然后再与上下集管焊接成吸热板。吸热板材料一般采用铝合金。翼管式吸热板的优点是：

1）热效率高，管子和平板是一体，无结合热阻。

2）耐压能力强，铝合金管可以承受较高的压力。

缺点是：

1）水质不易保证，铝合金会被腐蚀。

2）材料用量大，工艺要求管壁和翼片都有较大的厚度。

3）动态特性差，吸热板有较大的热容量。

（3）扁盒式。扁盒式吸热板是将两块金属板分别模压成型，然后再焊接成一体构成吸热板，如图 3-2（c）所示。吸热板材料可采用不锈钢、铝合金、镀锌钢等。通常，流体通道之间采用点焊工艺，吸热板四周采用滚焊工艺。扁盒式吸热板的优点是：

1）热效率高，管子和平板是一体，无结合热阻。

2）不需要焊接集管，流体通道和集管采用一次模压成型。

缺点是：

1）焊接工艺难度大，容易出现焊接穿透或者焊接不牢的问题。

2）耐压能力差，焊点不能承受较高的压力。

3）动态特性差，流体通道的横截面大，吸热板有较大的热容量。

4）有时水质不易保证，铝合金和镀锌钢都会被腐蚀。

（4）蛇管式。蛇管式吸热板是将金属管弯曲成蛇形，如图 3-2（d）所示，然后再与平板焊接构成吸热板。这种结构类型在国外使用较多。吸热板材料一般采用铜，焊接工艺可采用高频焊接或超声焊接。蛇管式吸热板的优点是：

1）不需要另外焊接集管，减少泄漏的可能性。

2）热效率高，无结合热阻。

3）水质清洁，铜管不会被腐蚀。

4）保证质量，整个生产过程实现机械化。

5）耐压能力强，铜管可以承受较高的压力。

缺点是：

1）流动阻力大，流体通道不是并联而是串联。

2）焊接难度大，焊缝不是直线而是曲线。

（5）其他结构形式。除了上述四种主要结构形式之外，吸热板还有一种结构形式。它的流体通道不是在吸热板内，而是在呈 V 字形的吸热板表面。集热器工作时，液体传热工质不封闭在吸热板内而从吸热板表面缓慢流下，这种集热器称为涓流集热器（trickle collector）。涓流集热器大多应用于太阳能蒸馏。

3.2.1.3　吸热板上的涂层

为要使吸热板可最大限度地吸收太阳辐射能并将其转换成热能，在吸热板上应覆盖有深色的涂层，这称为太阳能吸收涂层。

太阳能吸收涂层可分为两大类：非选择性吸收涂层和选择性吸收涂层。非选择性吸收涂层是指其光学特性与辐射波长无关的吸收涂层；选择性吸收涂层则是指其光学特性随辐射波长不同有显著变化的吸收涂层。

“选择性吸收涂层”的概念是世界著名学者、以色列科学家泰伯（Tabor）于20世纪50年代初首先提出来的，它是利用太阳辐射光谱与物体热辐射光谱之间的不同特性而专门用于太阳集热器的一种涂层材料。

吸热板的涂层材料对吸收太阳辐射能量有非常重要的作用。太阳辐射可近似地认为是温度6000K的黑体辐射，约90%的太阳辐射能集中在0.3~2μm波长范围内；而太阳集热器的吸热体一般为400~1000K，其热辐射能主要集中在2~30μm波长范围内。因此，采用对不同波长范围的辐射具有不同辐射特性的涂层材料，具体地讲就是采用既有高的太阳吸收比又有低的发射率的涂层材料，就可以在保证尽可能多地吸收太阳辐射的同时，又尽量减少吸热板本身的热辐射损失。选择性涂料就是对太阳短波辐射具有较高吸收率，而对长波热辐射发射率却较低的一种涂料，目前国内外的生产厂大多采用磁控溅射的方法制作选择性涂层，可达到吸收率0.93~0.95，发射率0.04~0.12，大大提高了产品热性能。

一般而言，要单纯达到高的太阳吸收比并不十分困难，难的是要在保持高的太阳吸收比的同时又达到低的发射率。对于选择性吸收涂层来说，随着太阳吸收比的提高，往往发射率也随之升高。对于通常使用的黑板漆来说，其太阳吸收比可高达0.95，但发射率也在0.90左右，所以属于非选择性吸收涂层。

选择性吸收涂层可以用多种方法来制备，如喷涂方法、化学方法、电化学方法、真空蒸发方法、磁控溅射方法等。采用这些方法制备的选择性吸收涂层，绝大多数的太阳吸收比都可达到0.9以上，但是它们可达到的发射率范围却有明显的区别，见表3-1。

表3-1　各种方法制备的选择性吸收涂层的发射率 ε

制备方法	涂层材料举例	发射率 ε
喷涂方法	硫化铅、氧化钴、氧化铁、铁锰铜氧化物	0.3~0.5
化学方法	氧化铜、氧化铁	0.18~0.32
电化学方法	黑铬、黑镍、黑钴、铝阳极氧化	0.08~0.2
真空蒸发方法	黑铬/铝、硫化铅/铝	0.05~0.12
磁控溅射方法	铝-氮/铝-氮-氧/铝、铝-碳-氧/铝、不锈钢-碳/铝	0.04~0.09

由表3-1可见，单从发射率的性能角度出发，上述各种方法优劣的排列顺序应是磁控溅射方法、真空蒸发方法、电化学方法、化学方法、喷涂方法。当然，每种方法的发射率值都有一定的范围，某种涂层的实际发射率值取决于制备该涂层工艺优化的程度。

A　电镀涂层

（1）黑铬涂层。黑铬涂层的吸收比 α 和发射比 ε 分别为0.93~0.97和0.07~0.15，α/ε为6~13，具有优良的光谱选择性。黑铬涂层的热稳定性和抗高温性能也很好，适用于高温条件，在300℃能长期稳定工作。此外，黑铬涂层还具有较好的耐候性和耐蚀性。但是，现在采用的电镀黑铬工艺，电流密度大（15~200A/dm^2），溶液导电性差，电镀时会产生大量的焦耳热，需要冷却和通风排气才能维持正常生产。另外，黑铬镀在非铜件上，需要先预镀铜，再镀光亮镍，最后镀黑铬，生产成本较高。

（2）黑镍涂层。黑镍涂层的吸收比 α 可达 0.93~0.96，热发射比 ε 为 0.08~0.15，α/ε 接近 6~12，其吸收性能较好。黑镍涂层很薄，为了提高涂层与基体的结合力和耐蚀性，常采用中间涂层（如 Ni、Cu、Cd）或双层镍涂层。由于黑镍涂层的热稳定性、耐蚀性较差，通常只适用于低温太阳能热利用。

（3）黑钴涂层。黑钴涂层的主要成分是 CoS，具有蜂窝型网状结构，其吸收比 α 可达 0.94~0.96，发射比 ε 为 0.12~0.14，α/ε 为 6.7~8。

B 电化学表面转化涂层

（1）铝阳极氧化涂层。铝及铝合金的阳极氧化可在硫酸介质中进行，但在太阳能热利用中，主要用磷酸介质。铝氧化涂层着色有多种工艺，其中电解着色工艺获得的涂层，具有牢固、稳定、耐晒优良特性，并且可进行大规模生产。

铝阳极氧化涂层是一种多孔膜，孔隙率达 22%，电解着色时金属易沉积在微孔中。用于电解着色的金属盐类有镍盐、锡盐、钴盐和铜盐等。

铝阳极氧化涂层，耐蚀、耐磨和耐光照等性能也相当好，在太阳热水器中已得到广泛应用。

（2）CuO 转化涂层。以阳极氧化法制取的 CuO 转化涂层，NaOH 电解液的浓度为 1mol/L，电流密度为 2mA/cm^2，温度为 50~57℃。涂层的吸收比可达 0.88~0.95，法向发射比为 0.15~0.30。这种 CuO 涂层有一层黑色绒面，保护不好，会导致吸收比的降低。

C 真空镀涂层

可以采用真空蒸发和磁控溅射技术制备选择吸收性能优良的涂层，但后者的设备比较简单，工艺控制方便，容易在大面积上获得均匀一致的涂层。目前，国内生产的全玻璃真空集热管和高档平板集热器吸热板都采用磁控溅射技术制备吸收涂层。

3.2.1.4 吸热板的材料

（1）集管和支管采用 TP2 铜。TP2 铜磷脱氧铜是熔解高纯度的原材料，把熔化铜中产生的氧气用亲氧性的磷（P）脱氧，使其氧含量（质量分数）降低到 10^{-2} 以下，从而提高其延展性、耐蚀性、热传导性、焊接性、抽拉加工性，在高温中也不发生氢脆现象。

（2）条带（整板）采用铜或铝。TU1 无氧紫铜标准（GB/T 5231—2001）特性及适用范围：氧和杂质含量极低，纯度高，导电导热性极好，延展性极好，透气率低，无“氢病”或极少“氢病”；加工性能和焊接、耐蚀耐寒性均好。

3.2.2 透明盖板

透明盖板是平板集热器中覆盖吸热板、并由透明（或半透明）材料组成的板状部件。它的功能主要有三个：一是透过太阳辐射，使其投射在吸热板上；二是保护吸热板，使其不受灰尘及雨雪的侵蚀；三是形成温室效应，阻止吸热板在温度升高后通过对流和辐射向周围环境散热。

3.2.2.1　透明盖板的技术要求

根据透明盖板的功能，对透明盖板有以下主要技术要求：

(1) 太阳透射比高。透明盖板可以透过尽可能多的太阳辐射能。

(2) 红外透射比低。透明盖板可以阻止吸热板在温度升高后的热辐射。

(3) 导热系数小。透明盖板可以减少集热器内热空气向周围环境的散热。

(4) 冲击强度高。透明盖板在受到冰雹、碎石等外力撞击下不会破损。

(5) 耐候性能好。透明盖板经各种气候条件长期侵蚀后性能无明显变化。

3.2.2.2　透明盖板的材料

用于透明盖板的材料主要有两大类：平板玻璃和玻璃钢板。但两者相比，目前国内外使用更广泛的还是平板玻璃。

A　平板玻璃

平板玻璃具有红外透射比低、导热系数小、耐候性能好等特点，在这些方面无疑是可以很好地满足太阳集热器透明盖板的要求。然而，对于平板玻璃来说，太阳透射比和冲击强度是两个需要重视的问题。

平板玻璃中一般都含有三氧化二铁（Fe_2O_3），而 Fe_2O_3 是会吸收波长范围集中在 2μm 以内的太阳辐射。玻璃中 Fe_2O_3 含量越高，则吸收太阳辐射的比例越大。图 3-3 表示出不同 Fe_2O_3 含量、厚度 6mm 的玻璃单色透射比与波长的关系。在 Fe_2O_3 的质量分数为 0.02% 的情况下，玻璃对太阳辐射的吸收可以忽略不计，整个波长范围内的单色透射比基本保持不变，因而玻璃的太阳透射比很高；在 Fe_2O_3 的质量分数提高到 0.10% 的情况下，玻璃对太阳辐射的吸收开始明显，波长 2μm 内的单色透射比出现下降，因而玻璃的太阳透射比降低；在 Fe_2O_3 的质量分数高达 0.50% 的情况下，玻璃对太阳辐射的吸收非常厉害，波长 2μm 以内的单色透射比严重下降，因而玻璃的太阳透射比很低。从图 3-3 还可看出，不管 Fe_2O_3 含量多少，各种平板玻璃在波长 2.5μm 以上的单色透射比都是微乎其微，所以具有红外透射比低的特点。

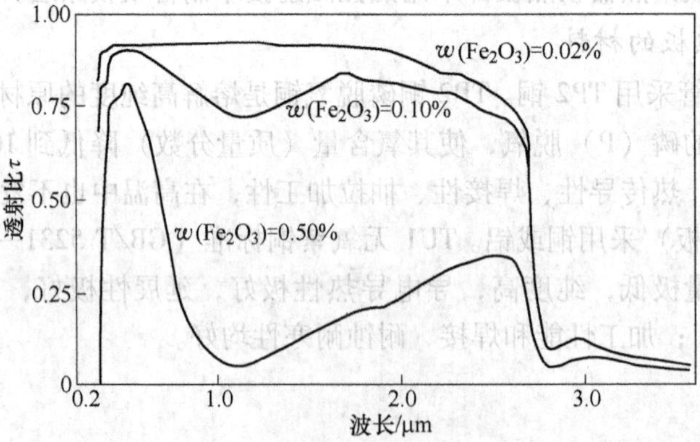

图 3-3　不同 Fe_2O_3 含量、厚度 6mm 的玻璃单色透射比与波长的关系

目前常用的透明盖板材料是厚度为 3~5mm 的平板玻璃，超白低铁钢化玻璃或超白低铁布纹钢化玻璃，透过率高，能够抗冰雹，抗击打，安全可靠。常用玻璃厚度为 3.2mm

和 4.0mm 两种。

超白玻璃是一种超透明低铁玻璃，也称低铁玻璃、高透明玻璃。它是一种高品质、多功能的新型高档玻璃品种，透光率可达 91.5%以上，具有晶莹剔透、高档典雅的特性，有玻璃家族"水晶王子"之称。超白玻璃同时具备优质浮法玻璃所具有的一切可加工性能，具有优越的物理、机械及光学性能，可像其他优质浮法玻璃一样进行各种深加工。

超白玻璃的独特优势：

（1）玻璃的自爆率低。采用高纯度原材料，相对普通玻璃不含各种引爆杂质，从而大大降低了钢化后的自爆率。

（2）颜色一致性。超白玻璃采用先进的色度分析仪和分析软件，确保了玻璃颜色的一致性。

（3）可见光透过率高，通透性好。大于 93%的可见光透过率，使集热器得到更多太阳能量。

（4）紫外线透过率低。降低对其他材料的老化影响。

我国目前常用的透明盖板材料是普通平板玻璃，由于玻璃中有较多的 Fe_2O_3 也就是通常所说的含铁量较高，造成玻璃的太阳透射比不高。据了解，国内 3mm 厚普通平板玻璃的太阳透射比一般都在 0.83 以下，有的甚至低于 0.76，而根据国家标准 GB/T 6424—2007《平板型太阳集热器技术条件》的规定，透明盖板的太阳透射比应不低于 0.78。相比之下，发达国家的市场上已有专门用于太阳集热器的低铁平板玻璃，其太阳透射比高达 0.90~0.91。因此，我国太阳能行业面临的一项任务是在条件成熟时，联合玻璃行业，专门生产适用于太阳集热器的低铁平板玻璃。

我国普通平板玻璃的冲击强度低，易破碎，但只要经过钢化处理，就可以有足够的冲击强度。因此，我国太阳能行业面临的另一项任务是尽可能选用钢化玻璃作为透明盖板，确保集热器可以经受防冰雹试验的考验。

B 玻璃钢板

玻璃钢板（即玻璃纤维增强塑料板）具有太阳透射比高、导热系数小、冲击强度高等特点，在这些方面无疑也是可以很好地满足太阳集热器透明盖板的要求。然而，对于玻璃钢板来说，红外透射比和耐候性能是两个需要重视的问题。

玻璃钢板的单色透射比不仅在 2μm 以内有很高的数值，而且在 2.5μm 以上仍有较高的数值。因此，玻璃钢板的太阳透射比一般都在 0.88 以上，但它的红外透射比也比平板玻璃高得多。

玻璃钢板通过使用高键能树脂和胶衣，可以降低受紫外线破坏的程度，具有较好的耐候性能。但是，玻璃钢板的使用寿命是无论如何不能跟作为无机材料的平板玻璃相比拟的。

当然，玻璃钢板具有一些平板玻璃所没有的特点。例如：玻璃钢板的质量轻，便于太阳集热器的运输及安装；玻璃钢板的加工性能好，便于根据太阳集热器产品的需要进行加工成型。

3.2.2.3 透明盖板的层数及间距

透明盖板的层数取决于太阳集热器的工作温度及使用地区的气候条件，绝大多数情况下，都采用单层透明盖板。当太阳集热器的工作温度较高或者在气温较低的地区使用，譬如在我国南方进行太阳能空调或者在我国北方进行太阳能采暖，宜采用双层透明盖板。一般情况下，很少采用三层或三层以上透明盖板，因为随着层数增多，虽然可以进一步减少集热器的对流和辐射热损失，但同时会大幅度降低实际有效的太阳透射比。

如果在气温较高地区进行太阳能游泳池加热，有时可以不用透明盖板，这种集热器被称为“无透明盖板集热器”，国际标准 ISO 9806-3 就是专门适用于无透明盖板集热器的热性能试验。

对于透明盖板与吸热板之间的距离，国内外文献提出过各种不同的数值，有的还根据平板夹层内空气自然对流换热机理提出了最佳间距。但有一点结论是共同的，即透明盖板与吸热板之间的距离应大于 20mm。

3.2.3　隔热体

隔热体是集热器中抑制吸热板通过传导向周围环境散热的部件。

3.2.3.1　隔热体的技术要求

根据隔热体的功能，要求隔热体的导热系数小，不易变形，不易挥发，更不能产生有害气体。

3.2.3.2　隔热体的材料

用于隔热体的材料有岩棉、矿棉、聚氨酯、聚苯乙烯等，如图 3-4 所示。根据国家标准 GB/T 6424—2007 的规定，隔热体材料的导热系数应不大于 0.055W/(m·K)，因而上述几种材料都能满足要求。目前使用较多的是岩棉。

图 3-4　各种隔热体实物图

聚苯乙烯的导热系数很小，但在温度高于70℃时就会变形收缩，影响它在集热器中的隔热效果。在实际使用时，往往需要在底部隔热体与吸热板之间放置一层薄薄的岩棉或矿棉，在四周隔热体的表面贴一层薄的镀铝聚酯薄膜，使隔热体在较低的温度条件下工作。即便如此，时间长久后，仍会有一定的收缩，所以使用聚苯乙烯时，应给予足够的重视。

玻璃棉是将熔融玻璃纤维化，形成棉状的材料，化学成分属玻璃类，是一种无机质纤维。具有成型好、体积密度小、热导率低、保温绝热、吸音性能好、耐腐蚀、化学性能稳定等优点。

酚醛泡沫（phenolic foam，简称 PF），是以酚醛树脂和乳化剂、发泡剂、固化剂及其他助剂等多种物质，经科学配方发泡固化而成的闭孔型硬质泡沫塑料。酚醛泡沫是一种新型的可以提高平板集热器的高效保温材料。市场上已逐渐有厂家在使用。

酚醛泡沫材料的特性如下：

（1）出色的保温隔热性能。导热系数小于 0.03W/(m·K)。

（2）较高的工作温度。酚醛泡沫能在-200~160℃（允许瞬时250℃）长期工作，无收缩。

（3）出色的耐候性。长期暴露在高温之下，仍然有较好的保温隔热性能，不会释放任何可能阻隔太阳能辐射的挥发性物质。

（4）不燃性。酚醛泡沫（厚度100mm）抗火焰能力可达 1h 以上不被穿透，且无烟，无有害气体散发。酚醛泡沫见明火时，表面形成结构碳，无滴落物、无卷曲、无融化现象。过火后，表面形成结构碳的石墨层，有效地保护了泡沫的内部结构。

（5）环保。采用无氟发泡技术，无纤维，符合国家、国际的环保要求。

酚醛泡沫与聚氨酯相比，具有相近的保温性能，却具有更高的工作温度，且不燃。

酚醛泡沫与岩棉相比，具有更好的保温性能，更干净，对人体无害。

3.2.3.3 隔热体的厚度

隔热体的厚度应根据选用的材料种类、集热器的工作温度、使用地区的气候条件等因素来确定。应当遵循以下原则：材料的导热系数越大、集热器的工作温度越高、使用地区的气温越低，则隔热体的厚度就要求越大。一般来说，底部隔热体的厚度选用 30~50mm，侧面隔热体的厚度与之大致相同。

3.2.4 壳体

壳体是集热器中保护及固定吸热板、透明盖板和隔热体的部件。

3.2.4.1 对壳体的技术要求

根据壳体的功能，要求壳体有一定的强度和刚度，有较好的密封性及耐腐蚀性，而且有美观的外形。

3.2.4.2 壳体的材料

用于壳体的材料有铝合金板、不锈钢板、碳钢板、塑料和玻璃钢等。为了提高壳体的密封性，有的产品已采用铝合金板一次模压成型工艺。目前平板集热器壳体（边框）应用最多的材料是铝合金和碳钢板一次模压成型。如图 3-5 和图 3-6 所示。

一般应用的为6063T5 的铝合金型材。6063 系列铝合金广泛用于建筑铝门窗、幕墙的框

图 3-5　铝合金边框

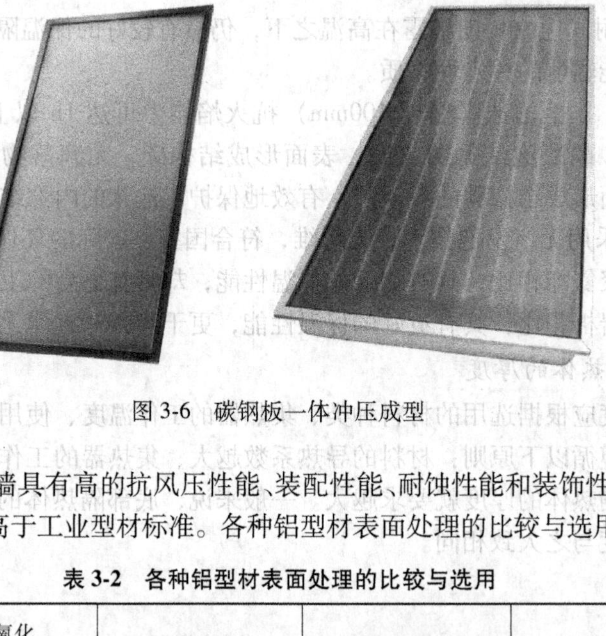

图 3-6　碳钢板一体冲压成型

架，为了保证门窗、幕墙具有高的抗风压性能、装配性能、耐蚀性能和装饰性能，对铝合金型材综合性能的要求远远高于工业型材标准。各种铝型材表面处理的比较与选用见表 3-2。

表 3-2　各种铝型材表面处理的比较与选用

名　称	阳极氧化（表面喷砂）	电泳涂漆	粉末喷涂	氟碳喷涂
简　述	在电解质溶液中发生电解作用，形成氧化膜，表面有喷砂和抛光	表面经阳极氧化和电泳涂漆（丙烯酸）复合处理	以热固性饱和聚酯粉末为涂料，静电喷涂	以聚偏二氟乙烯树脂作涂层烘烤（180~250℃）形成
工艺流程	铝型材热处理→氧化预处理→阳极氧化→着色封孔→检测包装	铝型材热处理→氧化预处理→阳极氧化→着色电泳→检测包装	预处理：同氟碳→粉末喷涂→涂层固化→检测包装	预处理：铝材去油去污→水洗→碱洗（脱脂）→水洗→酸洗→水洗→铬化→水洗→纯水洗 喷涂流程：喷底漆→面漆→罩光漆→烘烤→质检

续表 3-2

名称		阳极氧化（表面喷砂）	电泳涂漆	粉末喷涂	氟碳喷涂
观感		金属光泽，颜色少，易有色差	表面光泽柔和，有亚光和照光两种	颜色多样	
涂层性能	厚度	AA15	B级≥16μm	h_{min}≥40μm	二涂：h≥30μm，h_{min}≥25μm 三涂：h≥40μm，h_{min}≥34μm
	表面硬度		较硬（2H）	压痕硬度≥80	一般（1H）
	附着力		0	0级（划格）	0级（划格）
	耐冲击性			好	好
	耐磨性	差（≥300g/μm）	≥2750g/μm	杯突试验	≥1.6L/μm（砂）
	耐盐酸性	差（醋酸）	差（醋酸）	好（1：9盐酸）	好（1：9盐酸，15min）
	耐硝酸性				$\Delta E_{ab}^{*}\leqslant 6$
	耐溶剂性	易侵蚀	易侵蚀	2h（二甲苯）	2h（丁酮）
	耐洗涤性				好
	耐灰浆性	差，易与灰浆反应	一般	好	好
	耐盐雾性	无	无	较好（1000h）	很好（1500h）
	耐潮湿性	较好	较好	一般	很好
	耐高温性		较好（沸水5h）	一般（沸水2h）	180~250℃烘烤成型
	耐候性	较好	好（300h）	一般（250h）	很好（500h）
	保色性	较好	好	一般	持久
	耐粉化性	8~10年	10年	一般，5~8年	15~20年
清洗		用含有润滑剂或中性皂液清洗			
优点		价格便宜（喷砂处理可避免光污染），耐紫外线好，一般10年不褪色	良好的耐建筑灰浆性，耐候性好，不会褪色，漆膜不会剥落	抗腐蚀性能优良，耐酸碱盐雾优于氧化，颜色多	持久保色度、抗老化、抗腐蚀、抗大气污染，抗紫外线能力强
缺点		不耐磨、不耐酸碱、不耐灰浆，应注意成品保护。颜色少	价格较高	阳光照射3~5年会有明显色差	价格高

3.3 平板集热器效率

3.3.1 集热器效率定义

集热器效率是指在稳态（或准稳态）条件下，集热器传热工质在规定时段内输出的能量，与规定的集热器面积和同一时段内入射在集热器上的太阳辐照量的乘积之比，即

$$\eta=\frac{Q_{U}}{AG} \tag{3-1}$$

式中，η 为集热器效率；Q_{U} 为集热器在规定时段内输出的有用能量，W；A 为集热器面积，

m²；G 为太阳辐照度，W/m²。

3.3.2 集热器效率方程

根据能量守恒定律，在稳定状态下，集热器在规定时段内输出的有用能量，等于同一时段内入射在集热器上的太阳辐照能量减去集热器对周围环境散失的能量，即

$$Q_U = Q_A - Q_L \tag{3-2}$$

式中，Q_U 为集热器在规定时段内输出的有用能量，W；Q_A 为同一时段内入射在集热器上的太阳辐照能量，W；Q_L 为同一时段内集热器对周围环境散失的能量，W。

式(3-2)称为集热器的基本能量平衡方程，在式(3-2)中，Q_A 和 Q_L 的表达式分别为

$$Q_A = AG(\tau\alpha)_e \tag{3-3}$$

$$Q_L = AU_L(t_p - t_a) \tag{3-4}$$

式中，A 为集热器面积，m²；G 为太阳辐照度，W/m²；$(\tau\alpha)_e$ 为透明盖板透射比与吸热板吸收比的有效乘积；U_L 为集热器总热损系数，W/(m²·K)；t_p 为吸热板温度，℃；t_a 为环境温度，℃。

将式（3-3）和式（3-4）代入式（3-2），可得到

$$Q_U = AG(\tau\alpha)_e - AU_L(t_p - t_a) \tag{3-5}$$

将式（3-5）代入式（3-1），整理后可得到

$$\eta = (\tau\alpha)_e - U_L\frac{t_p - t_a}{G} \tag{3-6}$$

由于吸热板温度不容易测定，而集热器进口温度和出口温度比较容易测定，所以集热器效率方程也可以用集热器平均温度 $t_m = (t_i + t_e)/2$ 来表示。

$$\eta = F'\left[(\tau\alpha)_e - U_L\frac{t_m - t_a}{G}\right] = F'(\tau\alpha)_e - F'U_L\frac{t_m - t_a}{G} \tag{3-7}$$

式中，F' 为集热器效率因子；t_m 为集热器平均温度，℃；t_i 为集热器进口温度，℃；t_e 为集热器出口温度，℃。

集热器效率因子 F' 的物理意义是：集热器实际输出的能量与假定整个吸热板处于工质平均温度时输出的能量之比。以管板式集热器为例，吸热板的翅片结构如图 3-7 所示。

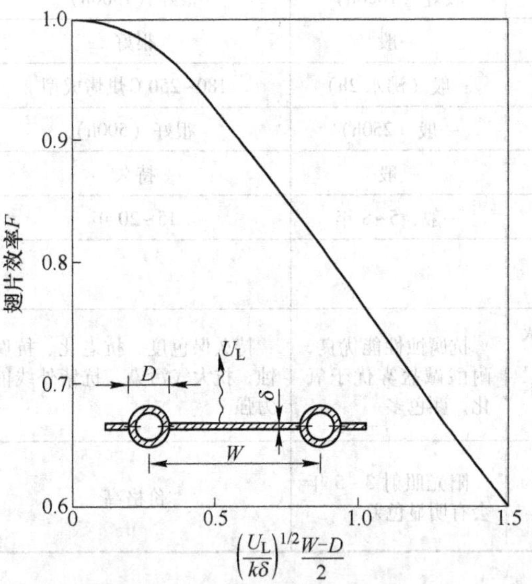

图 3-7 管板式集热器的翅片结构示意以及翅片效率曲线

经推导，集热器效率因子 F' 的表达式为

$$F' = \frac{\dfrac{1}{U_L}}{W\left[\dfrac{1}{U_L[D + (W-D)F]} + \dfrac{1}{C_b} + \dfrac{1}{\pi D_i h_{f,i}}\right]} \tag{3-8}$$

式中，W 为排管的中心距，m；D 为排管的外径，m；D_i 为排管的内径，m；U_L 为集热器总热损系数，$W/(m^2 \cdot K)$；$H_{f,i}$ 为传热工质与管壁的换热系数，$W/(m^2 \cdot K)$；F 为翅片效率；C_b 为结合热阻，$W/(m \cdot K)$。

在式（3-8）中，

$$F=\frac{\tanh[m(W-D)/2]}{m(W-D)/2} \tag{3-9}$$

$$m=\sqrt{\frac{U_L}{\lambda\delta}} \tag{3-10}$$

$$C_b=\frac{\lambda_b b}{\gamma} \tag{3-11}$$

式中，λ 为翅片的导热系数，$W/(m \cdot K)$；δ 为翅片的厚度，m；λ_b 为结合处的导热系数，$W/(m \cdot K)$；γ 为结合处的平均厚度，m；b 为结合处的宽度，m；tanh 为双曲正切函数。

由式（3-8）可见，集热器效率因子 F' 是跟翅片效率 F、管板结合工艺 C_b、管内传热工质换热系数 $h_{f,i}$、吸热板结构尺寸 W、D、D_i 等有关的参数。

由式（3-9）和式（3-10）可见，翅片效率 F 是跟翅片的厚度、排管的中心距、排管的外径、材料的导热系数、集热器的总热损系数等有关的参数，它表示出翅片向排管传导热量的能力。如图 3-7 所示，随着材料导热系数 λ 增大，翅片厚度 δ 增大，排管中心距 W 减小，则翅片效率 F 就增大，但 F 增大到一定值之后，便增加非常缓慢。因此，从技术经济指标综合考虑，应当在翅片效率曲线的转折点附近选取 F 所对应的上述各项参数。

尽管集热器平均温度可以测定，但由于集热器出口温度随太阳辐照度变化，不容易控制，所以集热器效率方程也可以用集热器进口温度来表示。

$$\eta=F_R\left[(\tau\alpha)_e-U_L\frac{t_i-t_a}{G}\right]=F_R(\tau\alpha)_e-F_R U_L\frac{t_i-t_a}{G} \tag{3-12}$$

式中，F_R 为集热器热转移因子。

集热器热转移因子 F_R 的物理意义是：集热器实际输出的能量与假定整个吸热板处于工质进口温度时输出的能量之比。

集热器热转移因子 F_R 与集热器效率因子 F' 之间有一定的关系

$$F_R=F'F'' \tag{3-13}$$

式中，F'' 为集热器流动因子。

由于 $F''<1$，所以 $F_R<F'<1$。

式（3-6）、式（3-7）、式（3-12）称为集热器效率方程，或称为集热器瞬时效率方程。

3.3.3 总热损系数

集热器总热损系数定义为集热器中吸热板与周围环境的平均传热系数。只要集热器的吸热板温度高于环境温度，则集热器所吸收的太阳辐射能量中必定有一部分要散失到周围环境中去。

如图 3-8 所示，平板集热器的总散热损失是由顶部散热损失、底部散热损失和侧面散

热损失三部分组成，即

$$Q_L=Q_t+Q_b+Q_e=A_tU_t(t_p-t_a)+A_bU_b(t_p-t_a)+A_eU_e(t_p-t_a) \tag{3-14}$$

式中，Q_t、Q_b、Q_e 为顶部散热损失、底部散热损失、侧面散热损失，W；U_t、U_b、U_e 为顶部热损系数、底部热损系数、侧面热损系数，W/(m^2·K)；A_t、A_b、A_e 为顶部面积、底部面积、侧面面积，m^2。

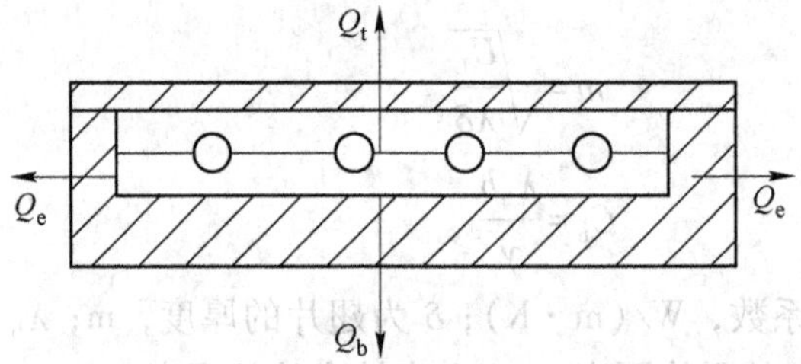

图 3-8 平板集热器散热损失示意图

3.3.3.1 顶部热损系数 U_t

集热器的顶部散热损失是由对流和辐射两种换热方式引起的，它既包括吸热板与透明盖板之间的对流和辐射换热，又包括透明盖板与周围环境的对流和辐射换热。一般来说，顶部散热损失在数量上比底部散热损失、侧面散热损失都大得多，因而是集热器总散热损失的主要部分。顶部热损系数 U_t 的计算比较复杂，因为在吸热板温度和环境温度数值都已确定的条件下，透明盖板温度仍是个未知数，需要通过数学上的迭代法才能计算出来。

为了简化计算，克莱恩（Klein）提出了一个计算 U_t 的经验公式。

$$U_t=\left[\frac{N}{\dfrac{344}{T_p}\times\left(\dfrac{T_p-T_a}{N+f}\right)^{0.31}}+\frac{1}{h_w}\right]^{-1}+\frac{\sigma(T_p+T_a)\times(T_p^2+T_a^2)}{\dfrac{1}{\varepsilon_p+0.0425N(1-\varepsilon_p)}+\dfrac{2N+f-1}{\varepsilon_g}-N} \tag{3-15}$$

在式（3-15）中，

$$f=(1.0-0.04h_w+5.0\times10^{-4}h_w^2)\times(1+0.058N) \tag{3-16}$$

$$h_w=5.7+3.8v \tag{3-17}$$

式中，N 为透明盖板层数；T_p 为吸热板温度，K；T_a 为环境温度，K；ε_p 为吸热板的发射率；ε_g 为透明盖板的发射率；h_w 为环境空气与透明盖板的对流换热系数，W/(m^2·K)；v 为环境风速，m/s。

对于 40~130℃的吸热板温度范围，采用克莱恩（Klein）公式的计算结果与采用迭代法的计算结果非常接近，两者偏差在±0.2W/(m^2·K) 之内。

3.3.3.2 底部热损系数 U_b

集热器的底部散热损失是通过底部隔热层和外壳以热传导方式向环境空气散失的，一般可作为一维热传导处理，有

$$Q_b=A_b\frac{\lambda}{\delta}(t_p-t_a) \tag{3-18}$$

将式（3-14）和式（3-18）进行对照，可得底部热损系数 U_b 的计算公式

$$U_b = \frac{\lambda}{\delta} \tag{3-19}$$

式中，λ 为隔热层材料的导热系数，W/(m · K)；δ 为隔热层的厚度，m。

由式（3-19）可见，如果底部隔热层的厚度为 0.03~0.05m，底部隔热层材料的导热系数为 0.03~0.05W/(m · K)，那么底部热损系数 U_b 的范围为 0.6~1.6W/(m^2 · K)。

3.3.3.3 侧面热损系数 U_e

集热器的侧面散热损失是通过侧面隔热层和外壳以热传导方式向环境空气散失的。侧面热损系数 U_e 的计算公式也可表达为

$$U_e = \frac{\lambda}{\delta} \tag{3-20}$$

如果侧面隔热层的厚度及隔热层材料的导热系数与底部相同，那么侧面热损系数 U_e 的数值范围也与底部相同。然而，由于侧面的面积远小于底部的面积，所以侧面散热损失远小于底部散热损失。

3.3.4 集热器面积

在定义集热器效率的式（3-1）中，曾使用过一个参数——集热器面积 A。这意味着，集热器效率的大小在很大程度上取决于所用集热器面积的数值。

在国内外太阳能界中，经常会遇到由于采用不同的集热器面积定义而得到不同的集热器效率数值。为了使世界各国对于集热器面积的定义得以规范，国标标准 ISO 9488《太阳能术语》提出了三种集热器面积的定义，它们分别是吸热体面积、采光面积和总面积（毛面积）。

下面就平板集热器的具体情况，对上述三种集热器面积的定义及其计算方法做简要的说明。

（1）吸热体面积（A_A）。平板集热器的吸热体面积是吸热板的最大投影面积，如图 3-9 所示。

$$A_A = (Z \times L_3 \times W_3) + [Z \times W_4 \times (L_4 + L_5)] + (2W_6 \times L_6) \tag{3-21}$$

式中，Z 为翅片数量；L_3 为翅片长度，m；W_3 为翅片宽度，m；W_4、W_6、L_4、L_5、L_6 如图 3-9 所示。

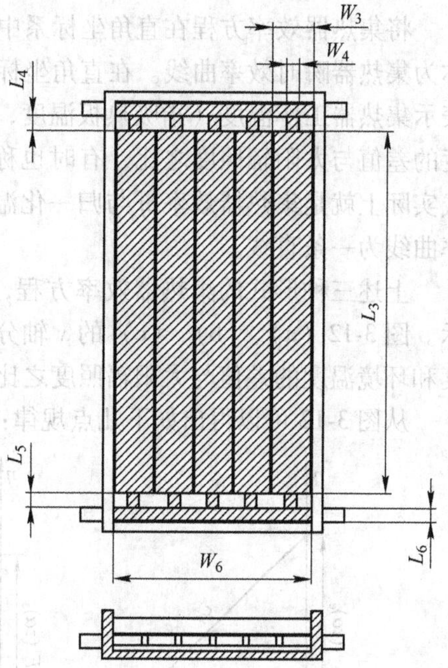

图 3-9 平板集热器的吸热体面积

（2）采光面积（A_a）。平板集热器的采光面积是太阳辐射进入集热器的最大投影面积，如图 3-10 所示。

$$A_a = L_2 \times W_2 \tag{3-22}$$

（3）总面积（毛面积）（A_G）。平板集热器的总面积是整个集热器的最大投影面积，如图

3-11 所示。

$$A_G = L_1 \times W_1 \tag{3-23}$$

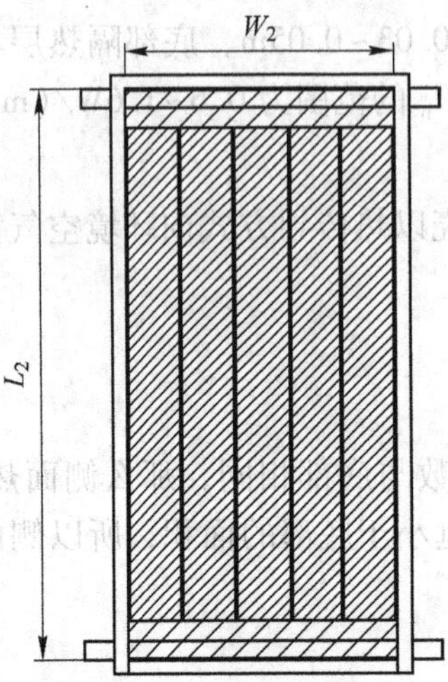

图 3-10　平板集热器的采光面积

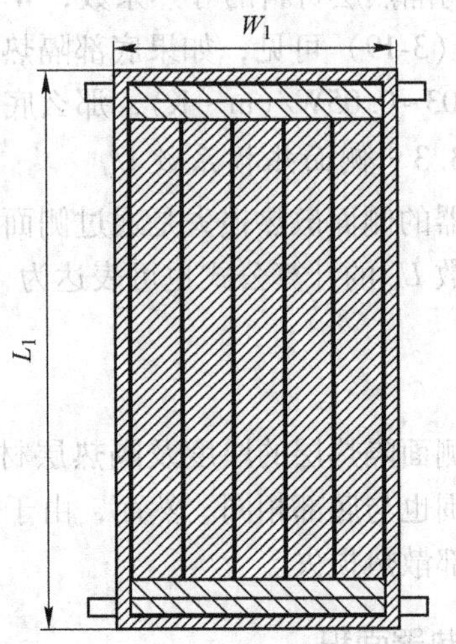

图 3-11　平板集热器的总面积

3.3.5　集热器效率曲线

将集热器效率方程在直角坐标系中以图形表示，得到的曲线称为集热器效率曲线，或称为集热器瞬时效率曲线。在直角坐标系中，纵坐标 y 轴表示集热器效率 η，横坐标 x 轴表示集热器工作温度（指吸热板温度，或集热器平均温度，或集热器进口温度）和环境温度的差值与太阳辐照度之比，有时也称为归一化温差，用 T^* 表示。所以，集热器效率曲线实际上就是集热器效率 η 与归一化温差 T^* 的关系曲线。若假定 U_L 为常数，则集热器效率曲线为一条直线。

上述三种形式的集热器效率方程，可得到三种形式的集热器效率曲线，如图 3-12 所示。图 3-12（a）、（b）、（c）的 x 轴分别为吸热板温度、集热器平均温度、集热器进口温度和环境温度的差值与太阳辐照度之比。

从图 3-12 可以得出如下几点规律：

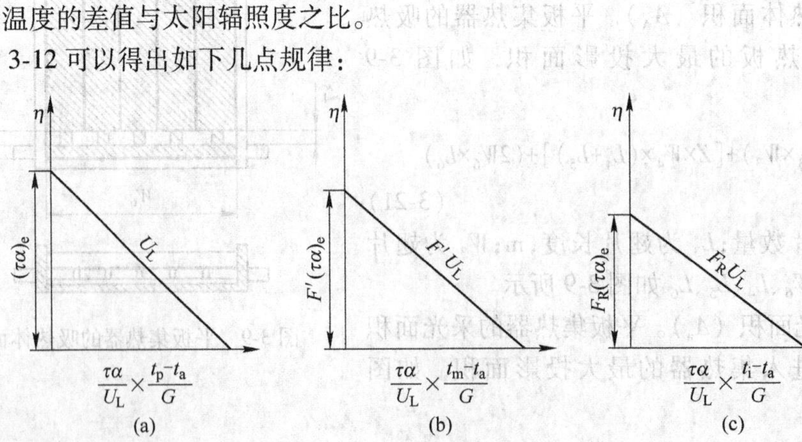

图 3-12　三种形式的集热器效率曲线

（1）集热器效率不是常数而是变数。集热器效率与集热器工作温度、环境温度和太阳辐照度都有关系。集热器工作温度越低或者环境温度越高，则集热器效率越高；反之，集热器工作温度越高或者环境温度越低，则集热器效率越低。因此，同一台集热器在夏天具有较高的效率，而在冬天具有较低的效率；而且，在满足使用要求的前提下，应尽量降低集热器工作温度，以获得较高的效率。

（2）效率曲线在 y 轴上的截距值表示集热器可获得的最大效率。当归一化温差为零时，集热器的散热损失为零，此时集热器达到最大效率，也可称为零损失集热器效率，常用 η_0 表示。在这种情况下，效率曲线与 y 轴相交，η_0 就代表效率曲线在 y 轴上的截距值。在图 3-12 中，η_0 值分别为 $(\tau\alpha)_e$、$F'(\tau\alpha)_e$、$F_R(\tau\alpha)_e$。由于 $1>F'>F_R$，故 $(\tau\alpha)_e>F'(\tau\alpha)_e>F_R(\tau\alpha)_e$。

（3）效率曲线的斜率值表示集热器总热损系数的大小。效率曲线的斜率值是跟集热器总热损系数直接有关的。斜率值越大，即效率曲线越陡峭，则集热器总热损系数就越大；反之，斜率值越小，即效率曲线越平坦，则集热器总热损系数就越小。在图 3-12 中，效率曲线的斜率值分别为 U_L、$F'U_L$、F_RU_L。同样由于 $1>F'>F_R$，故 $U_L>F'U_L>F_RU_L$。

（4）效率曲线在横轴上的交点值表示集热器可达到的最高温度。当集热器的散热损失达到最大时，集热器效率为零，此时集热器达到最高温度，也称为滞止温度或闷晒温度。用 $\eta=0$ 代入式（3-6）、式（3-7）、式（3-12）后，可以推出

$$\frac{t_p-t_a}{G}=\frac{t_m-t_a}{G}=\frac{t_i-t_a}{G}=\frac{(\tau\alpha)_e}{U_L} \tag{3-24}$$

这说明，此时的吸热板温度、集热器平均温度、集热器进口温度都相同。在图 3-12 中，三条效率曲线在横轴上有相同的交点值。

3.4 平板集热器的热性能试验

在集热器的热性能试验方面，国家标准 GB/T 4271—2000《平板型太阳集热器热性能试验方法》跟国际标准 ISO 9806-1：1994《太阳集热器试验方法　第 1 部分：带压力降的有透明盖板的液体集热器的热性能》是接轨的，两者在试验条件、测试方法、数据整理、公式表达、参数符号、表格形式等方面都基本保持一致。

集热器的热性能试验项目包括瞬时效率曲线、入射角修正系数、时间常数、有效热容量、压力降等。其中，瞬时效率曲线是最主要的。

3.4.1 集热器有用功率的测定

集热器实际获得的有用功率由式（3-25）计算：

$$Q=\dot{m}c_f(t_e-t_i) \tag{3-25}$$

式中，Q 为集热器实际获得的有用功率，W；$\dot{m}$ 为传热工质流量，kg/s；c_f 为传热工质比热容，J/(kg · ℃)；t_i 为集热器进口温度，℃；t_e 为集热器出口温度，℃。

3.4.2 集热器效率的计算

由于集热器效率跟选择的集热器面积有直接的关系，所以在计算集热器效率之前，必须先确定计算以哪一种面积为参考，即吸热体面积 A_A、采光面积 A_a、总面积 A_G 中的哪一

个，然后计算出以相应面积为参考的集热器效率。

$$\eta_A = \frac{Q}{A_A G} \tag{3-26}$$

$$\eta_a = \frac{Q}{A_a G} \tag{3-27}$$

$$\eta_G = \frac{Q}{A_G G} \tag{3-28}$$

式中，η_A 为以吸热体面积为参考的集热器效率；η_a 为以采光面积为参考的集热器效率；η_G 为以总面积为参考的集热器效率；G 为太阳辐照度，W/m^2。

3.4.3 归一化温差的计算

集热器效率可以由归一化温差 T^* 的函数关系表示。在计算归一化温差之前，先要确定采用计算以哪一种温度为参考，即集热器平均温度 t_m、集热器进口温度 t_i 中的哪一个，其中 $t_m=(t_i+t_e)/2$，然后计算出以相应温度为参考的归一化温差。

$$T_m^* = \frac{t_m - t_a}{G} \tag{3-29}$$

$$T_i^* = \frac{t_i - t_a}{G} \tag{3-30}$$

式中，T_m^* 为以集热器平均温度为参考的归一化温差，$(m^2 \cdot K)/W$；T_i^* 为以集热器进口温度为参考的归一化温差，$(m^2 \cdot K)/W$。

3.4.4 瞬时效率曲线的测定

假定试验选择以采光面积 A_a 和集热器进口温度 t_i 为参考。通过试验，取得 t_i、t_e、t_a、m、G 等参数的一批测试数据，然后画在由集热器效率-归一化温差坐标系中，如图 3-13 所示。

根据这些数据点，用最小二乘法进行拟合，得到集热器瞬时效率方程的表达式，即

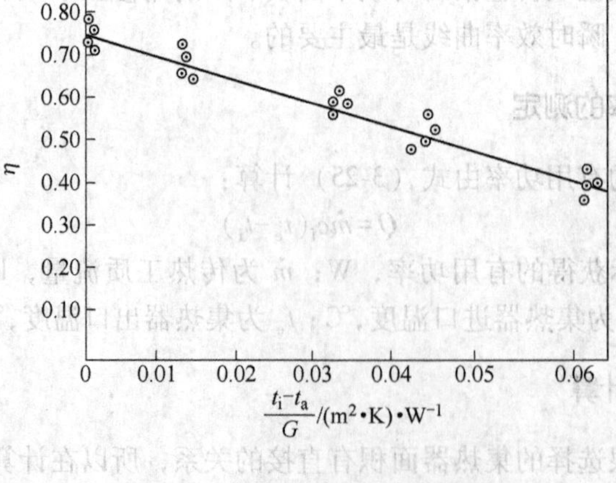

图 3-13 集热器瞬时效率曲线图

$$\eta_a = \eta_{0a} - U_a T_i^* \quad (3\text{-}31)$$

$$\eta_a = \eta_{0a} - a_{1a} T_i^* - a_{2a} G(T_i^*)^2 \quad (3\text{-}32)$$

式中，η_a 为以采光面积为参考的集热器效率；T_i^* 为以集热器进口温度为参考的归一化温差，$(m^2 \cdot K)/W$；η_{0a}为以采光面积为参考、$T_i^* = 0$ 时的集热器效率；U_a 为以采光面积及 T_i^* 为参考的常数；a_{1a}、a_{2a}为以采光面积及 T_i^* 为参考的常数。

由线性方程式（3-31）可见，η_{0a}是效率曲线的截距，U_a 是效率曲线的斜率。将式（3-31）和式（3-12）进行对比后求得，截距 $\eta_{0a} = F_R(\tau\alpha)_e$，斜率 $U_a = F_R U_L$。

复习思考题

3-1 简述平板太阳能集热器的工作过程。

3-2 简述平板太阳能集热器各组成部分的结构和材料。

3-3 用 Matlab 编程实现平板太阳能集热器效率的计算，并查阅资料，选择一种型号的平板集热器，计算其效率。

3-4 简述平板集热器的热性能实验过程。

4 真空管型太阳能集热器

真空管型太阳集热器是在平板集热器基础上发展起来的，是由若干支真空太阳集热管按一定规则排成阵列与联集管、尾架和反射器等组装成的太阳集热器。其中，真空太阳集热管采用透明的罩玻璃管，罩玻璃管与吸热体间具有足够低的气体压强。

按照吸热体的材料分类，可分为玻璃吸热体真空管（或称为全玻璃真空管）集热器和金属吸热体（玻璃-金属）真空管集热器两大类。

4.1 全玻璃真空管太阳集热器

4.1.1 全玻璃真空管的基本结构

全玻璃真空管由外玻璃管、内玻璃管、选择性吸收涂层、弹簧支架、消气剂等部件组成，其形状如一只细长的暖水瓶胆，如图 4-1 所示。

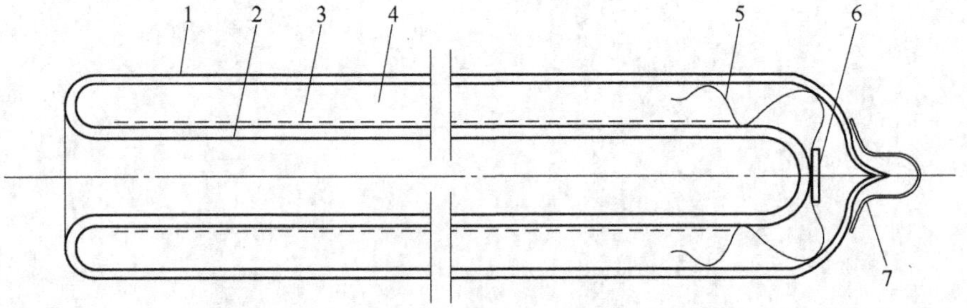

图 4-1 全玻璃真空管结构示意图

1—外玻璃管；2—内玻璃管；3—选择性吸收涂层；4—真空；5—弹簧支架；6—消气剂；7—保护帽

全玻璃真空管的一端开口，将内玻璃管和外玻璃管的管口进行环状熔封；另一端分别封闭成半球形圆头，内玻璃管用弹簧支架支撑于外玻璃管上，以缓冲热胀冷缩引起的应力。在内玻璃管和外玻璃管之间的夹层抽成高真空。在外玻璃管尾端一般黏结一只金属保护帽，以保护抽真空后封闭的排气嘴。内玻璃管的外表面涂有选择性吸收涂层。弹簧支架上装有消气剂，它在蒸散以后用于吸收真空集热管运行时产生的气体，起保持管内真空度的作用。

4.1.2 全玻璃真空管集热器的基本结构

若干支真空管按照一定规则排列成的真空管阵列与联集管（或称为联箱）、尾托架和反射器等部件一起组成一台真空管集热器，如图 4-2 所示。

全玻璃真空管集热器的联箱一般有圆形和方形两种，多采用不锈钢板制作，集热器配

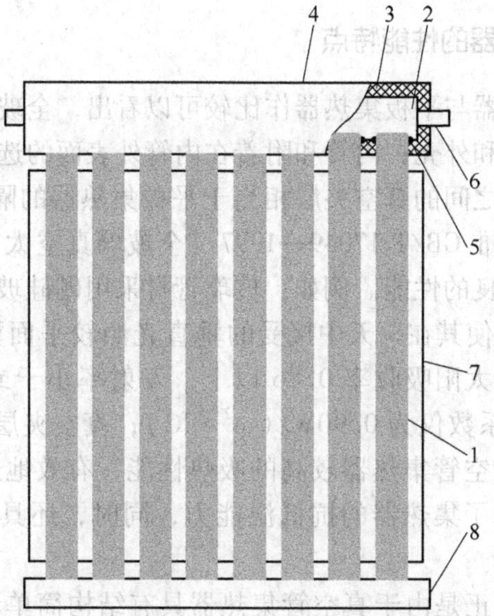

图 4-2 全玻璃真空管集热器结构示意图

1—全玻璃真空管；2—联集管；3—保温层；4—保温盒外壳；5—密封圈；
6—配管接口；7—反光板；8—尾托架

管接头焊接在联箱的两端。联箱的一面或两面按设计的真空管间距开孔，真空管的开口端直接插入联箱内，真空管与联箱之间通过硅橡胶密封圈进行密封。

为了提高真空管集热器的性能，一些厂家的产品在真空管阵列的背面增设了反射板，其中多为平面漫反射板，一般采用铝板或涂白漆的平板制成。因为反射板长期暴露在空气中，容易积聚灰尘和污垢，需要经常清理，否则反射效果会受到影响，并且反射板增大了集热器的风阻，影响集热器安装的稳定性，所以，风沙比较大的地区不宜安装带反射板的集热器。

按照真空管安装走向的不同，全玻璃真空管集热器可分为竖直排列（南北向）和水平排列（东西向）两种排列形式，其中水平排列又有水平单排和水平双排两种形式，如图4-3 所示。

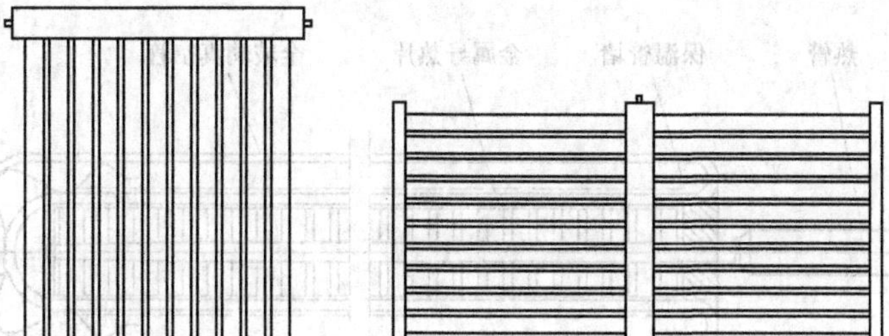

(a) (b)

图 4-3 全玻璃真空管集热器排列方式示意图

（a）竖直排列全玻璃真空管集热器；（b）水平排列全玻璃真空管集热器（双排）

4.1.3 全玻璃真空管集热器的性能特点

用全玻璃真空管集热器与平板集热器作比较可以看出，全玻璃真空管的外管相当于平板集热器的透明玻璃盖板和外壳；内管和附着在内管外表面的选择性吸收涂层相当于平板集热器的吸热体；内外管之间的真空夹层相当于平板集热器的隔热材料（保温层）。进一步比较会发现，以国家标准 GB/T 17049—1997《全玻璃真空太阳集热管》为依据生产的全玻璃真空管具有更为优良的性能。例如：玻璃管材采用硼硅玻璃 3.3 制造，太阳透射比高达 0.89。圆柱形吸热面使其在一天中接受的垂直光照较平面更多。采用磁控溅射工艺形成的铝—氮—铝涂层的太阳吸收率 0.86 以上，发射率小于或等于 0.09；闷晒曝辐量达 $3.8MJ/m^2$；平均热损系数仅为 $0.90W/(m^2 \cdot ℃)$；真空夹层的气体压强为 $5\times10^{-2}Pa$。上述指标保证了全玻璃真空管集热器较高的吸热性能，有效地避免了平板集热器的传导和对流热损失，并且提高了集热器的抗低温能力，同时，还具有较高的抗冰雹（击打）能力。

通过上述比较可见，正是由于真空管集热器具有结构简单、性能优良、生产工艺先进可靠、特别适合于大批量规模化生产的特点，所以自问世以来，在短短的几年中就得到了长足的发展。各种以玻璃为基材的新型真空管式集热器不断涌现，有力地推动了我国太阳能热水器行业的技术进步，使我国一跃成为当今世界太阳能热水器生产和应用的大国。

4.1.4 全玻璃真空管的几种改进形式

尽管全玻璃真空集热管有许多优点，但由于管内走水，在运行过程中若有一只破损，则整个系统就要停止工作；并且真空管的热容较大，太阳能先要把真空管内的水加热才能输出热水，而到了晚间，真空管内的热水将不能被充分利用，造成了一定的热量损失。为了弥补这些缺陷，在全玻璃真空管的基础上，产生了几种改进型的产品，可以替代全玻璃真空管，广泛应用于家用太阳热水器或太阳能热水系统中。

（1）带热管的全玻璃真空管。这种产品是将带有金属导热片的热管插入真空集热管中，使金属导热片紧紧靠在内玻璃管的表面，如图 4-4 所示，内玻璃管吸收的热量通过金属导热片传递给热管，再由热管传递给集热循环系统。

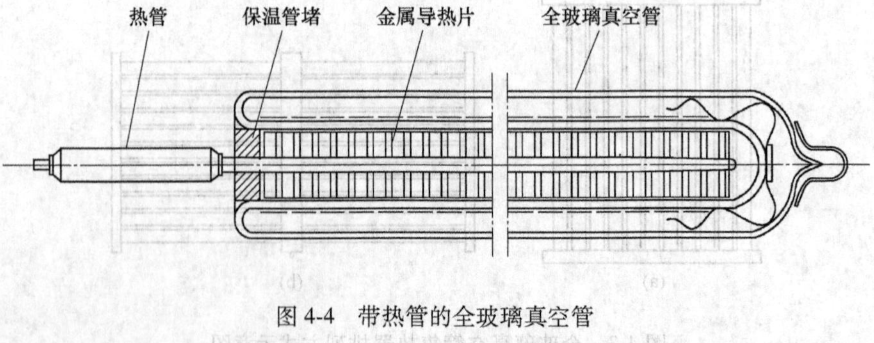

图 4-4 带热管的全玻璃真空管

（2）带 U 形管的全玻璃真空管。这种产品是将带有金属导热片的 U 形管插入真空集热管中，也使金属导热片紧紧靠在内玻璃管的内表面，如图 4-5 所示，内玻璃管吸收的热量通过金属导热片传递给 U 形管中的循环工质。

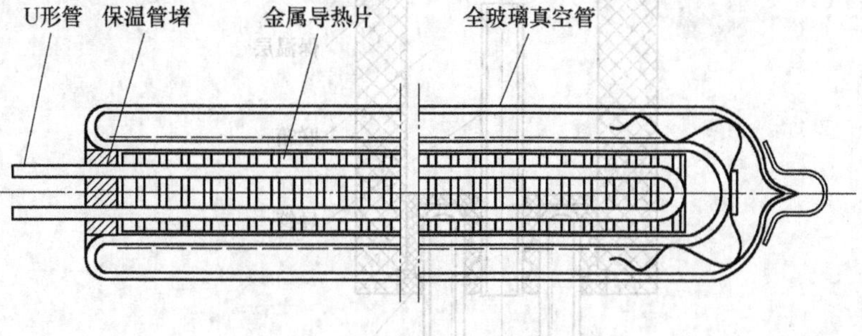

图 4-5 带 U 形管的全玻璃真空管

上述两种改进形式的全玻璃真空集热管，由于管内没有水，不会发生因一只管破损而影响系统的运行，真空管的热容大大减小，同样的天气条件下可以获得更多的热量，因而提高了产品性能和运行的可靠性。

（3）三腔真空管和三防真空管。三腔管（或称为管中管）是在全玻璃真空管内加入了一条封闭的玻璃芯管，如图 4-6 所示，使真空管的水容量减少，从而减少了热容，加快了换热速度，管内存水造成的热损也随之减少。

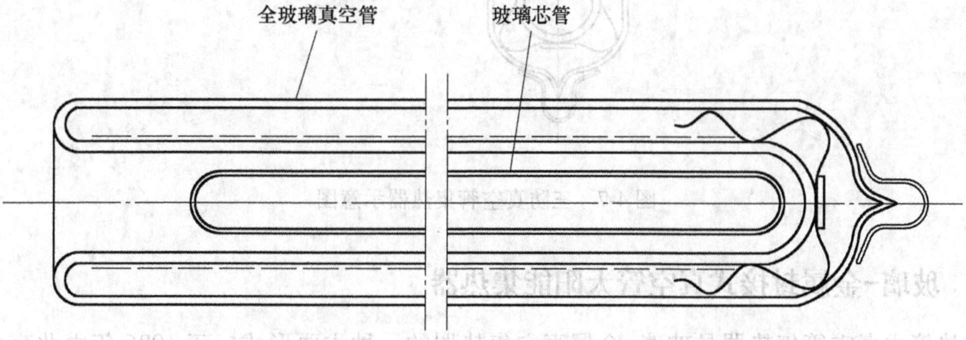

图 4-6 三腔真空管示意图

三防真空管是将一金属导管通过密封套封装在全玻璃真空管的开口端，如图 4-7 所示，这样真空管采集的热量通过对流方式传递给金属导管，再由导管传递给循环系统。三防，是指该种集热管具有防结垢、防炸管、防跑水的特点。因为金属导管的开口端处于集热器联箱的上部，所以真空管内的水基本不参与系统的循环，不易结水垢，同时避免了管内的水温急剧变化，不易炸管，个别真空管破损后也不会大量的跑水，在系统不停止运行的情况下可以更换真空管。

将三腔真空管技术和三防真空管技术结合，可组成集二者优点于一体的三防三腔真空管。

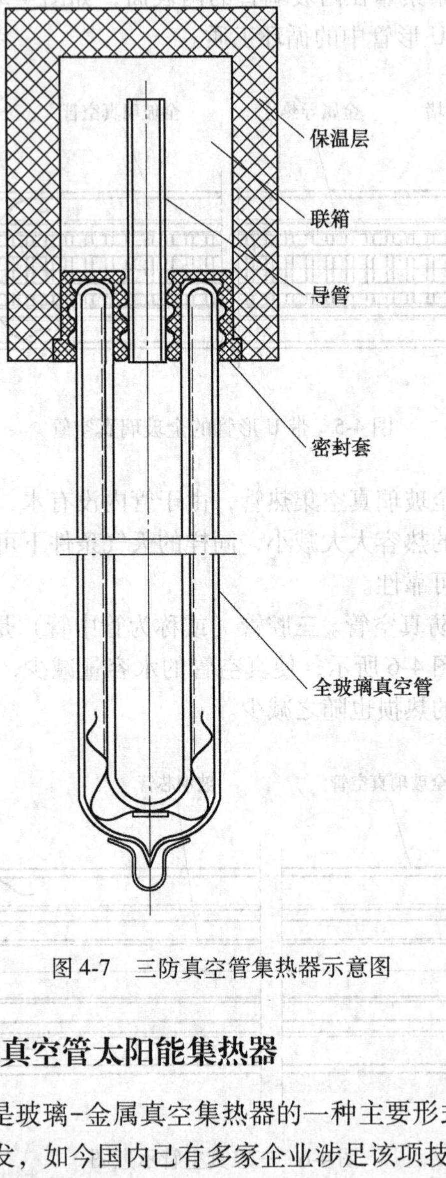

图 4-7　三防真空管集热器示意图

4.2　玻璃-金属封接式真空管太阳能集热器

热管式真空管集热器是玻璃-金属真空集热器的一种主要形式，于 1986 年由北京太阳能研究所率先开始研究开发，如今国内已有多家企业涉足该项技术。

4.2.1　热管式真空管的基本结构

热管式真空管由热管、金属吸热板、玻璃管、金属封盖、弹簧支架、消气剂等组成，如图 4-8 所示。

在热管式真空管工作时，表面镀有选择性吸收涂层的金属吸热板吸收太阳辐射能并将其转化为热能，传导给与吸热板焊接在一起的热管，使热管蒸发段内的少量工质迅速汽化，被汽化的工质上升到热管冷凝段，释放出蒸发潜热使冷凝段快速升温，从而将热量传递给集热系统工质。热管工质放出汽化潜热后，迅速冷凝成液体，在重力作用下流回热管蒸发段。通过热管内不断重复的汽-液相变循环过程，快速高效地将太阳热能源源不断地输出。

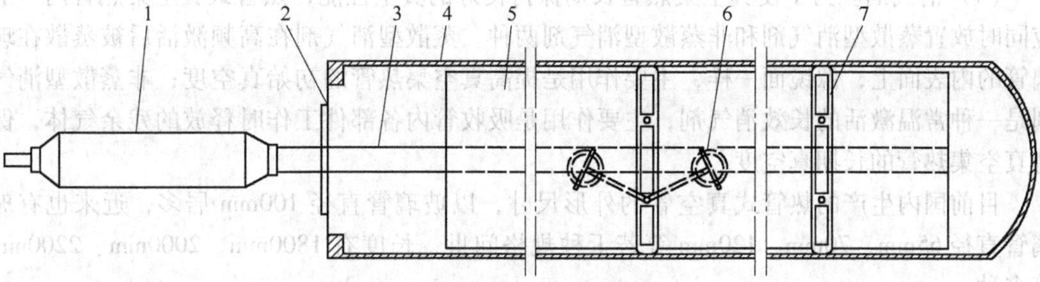

图 4-8 热管式真空集热管结构示意图

1—热管冷凝段；2—金属封盖；3—热管蒸发段；4—玻璃管；5—金属吸热板；6—消气剂；7—弹簧支架

(1) 热管。热管是利用汽化潜热高效传递热能的传热元件，传热速度可达 80~100cm/s。在热管式真空管中使用的热管一般都是重力热管，也称热虹吸管。重力热管的特点是管内没有吸液芯，工质冷凝后依靠自身重力回流至蒸发段，因而结构简单，制造方便，工作可靠，传热性能优良。

目前太阳能领域使用的热管一般为铜-水热管，即以铜为基材，热管工质为水，国外也有使用有机物质作为热管工质的，但必须满足工质与热管材料的相容性。

由于采用了热管技术，热管式真空集热管具有许多优点，例如：真空管内没有水，因而抗冻性很强，即使在-40℃的环境温度下也不会冻坏，一些厂家的产品可以耐-50℃以下的低温；热管的热容量小，因而启动速度快，热利用率高；热管有“热二极管效应”，热量只能从下部传递到上部而不能从上部传递到下部，从而减少了系统热损失。当然，由于热管的液态工质是依靠自身的重力回流到蒸发段，所以在安装时要求热管式真空集热管与地面保持一定的倾角。为了使热管式真空管集热器能够更加贴近太阳能与建筑的结合要求，目前，已有热管真空管生产企业开发生产了可以水平安装的水平热管。以水平热管为核心部件的水平热管式真空管集热器可以水平安装于建筑屋顶或南立面墙，并且可以和建筑构件结合于一体，既高效利用了太阳能又不影响建筑的整体外观效果，有力地推动了太阳能与建筑结合的进程。

(2) 金属吸热板。金属吸热板是热管式真空管的核心部件，其性能直接决定热管式真空管的热性能。目前市场上的热管式真空管所采用的集热板一般为无氧铜吸热板或铜-铝复合吸热板，吸热板表面采用磁控溅射工艺形成高吸收率、低发射率的选择性吸收涂层。吸热板与热管通过超声焊接或激光焊接结合在一起或嵌套在一起，确保热量快速传导。

(3) 玻璃-金属封接。由于金属和玻璃的热膨胀系数差别很大，所以热管组件与玻璃罩管之间的封接是热管式真空管产品的一个技术难题。

玻璃-金属封接技术大体可分为两种：一种是熔封，也称为火封，它是借助一种热膨胀系数介于金属和玻璃之间的过渡材料，利用火焰将玻璃熔化后封接在一起；另一种是热压封，也称为固态封接，它是利用一种塑性较好的金属作为焊料，在加热加压的条件下将金属封盖和玻璃管封接在一起。

因为热压封技术具有封接温度低、封接速度快、封接材料匹配要求低等优点，所以目前国内玻璃-金属封接大都采用热压封技术，热压封使用的焊料有铅、铝等。

（4）消气剂。为了使真空集热管长期保持良好的真空性能，热管式真空集热管内一般应同时放置蒸散型消气剂和非蒸散型消气剂两种。蒸散型消气剂在高频激活后被蒸散在玻璃管的内表面上，像镜面一样，主要作用是提高真空集热管的初始真空度；非蒸散型消气剂是一种常温激活的长效消气剂，主要作用是吸收管内各部件工作时释放的残余气体，保持真空集热管的长期真空度。

目前国内生产的热管式真空管的外形尺寸，以玻璃管直径 100mm 居多，近来也有玻璃管直径 65mm、70mm、120mm 等若干种规格问世，长度有 1800mm、2000mm、2200mm 等多种。

4.2.2　热管式真空管集热器基本结构

热管式真空管集热器由真空集热管、导热块（或导热套管）、联集管、保温材料、保温盒、尾托架等部分组成，如图 4-9 所示。

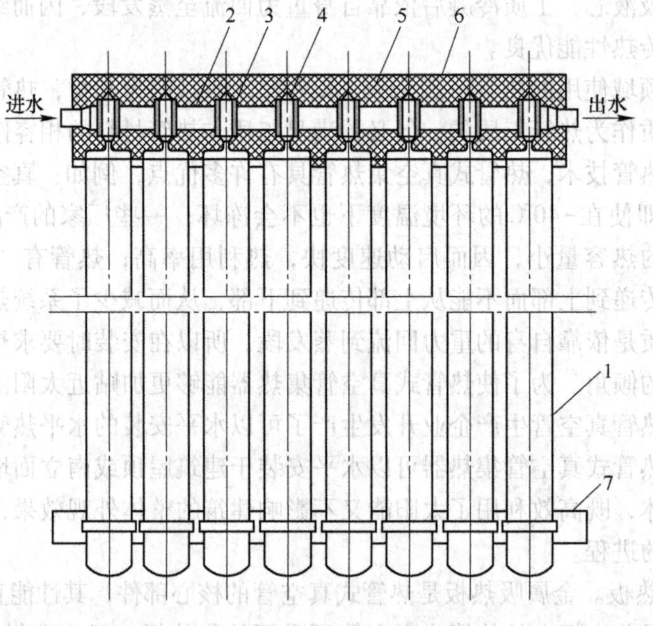

图 4-9　热管式真空管集热器结构示意图

1—热管式真空管；2—联集管；3—导热块（导热套管）；4—热管冷凝段；5—保温材料；6—保温盒；7—尾托架

热管式真空管集热器工作时，每只热管真空管都将太阳辐射能转换为热能，通过热管反复的汽-液相变循环过程将热量通过热管冷凝段传递给导热块（或导热套管），从而加热联集管内的系统循环工质，使集热系统工质的温度逐步上升，直至达到使用要求。与此同时，真空集热管及保温盒也不可避免地通过辐射或传导的形式损失一部分热量。

值得一提的是，热管式真空管与联集管的连接是属于“干性连接”，即联集管内的传热工质与集热管冷凝段之间是不直接接触的，集热器联集管没有漏水隐患，可以承受较高的运行压力，个别集热管破损也不会影响整个集热器的运行，维护起来非常方便，因而特别适用于大中型太阳热水系统，容易实现与建筑的结合。

4.2.3 其他几种金属吸热体真空管集热器

除了前面介绍的热管式真空管集热器之外，金属吸热体真空管集热器还有其他各种不同的形式，如下面介绍的同心套管式、U形管式、内聚光式和直通式等，随着技术的发展，还将会有新的形式出现。虽然它们的结构各有不同，但具有一个共性：吸热体都采用金属材料，而且真空集热管之间也都用金属件连接。

4.2.3.1 同心套管式真空管集热器

同心套管式真空管集热管（或称为真流式真空集热管）主要由同心套管，吸热板、玻璃等几部分组成，如图4-10所示。同心套管，就是两根内、外相套的金属管，它们位于吸热板的轴线上，跟吸热板紧密连接。

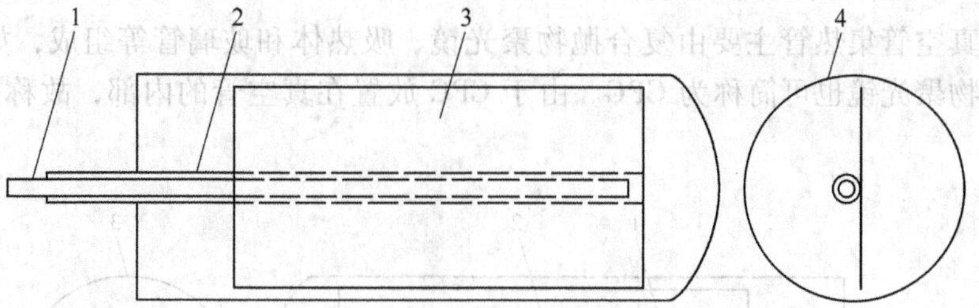

图4-10 同心套管式真空管集热管示意图
1—内金属管；2—外金属管；3—吸热板；4—玻璃管

工作时，太阳光穿过玻璃管，投射在吸热板上；吸热板吸收太阳辐射能并将其转换为热能；传热介质（通常是水）从内管进入真空管，热水通过外管流出。

同心套管式真空管集热器除了具有运行温度高、承压能力强和耐热冲击性能好等金属吸热体真空管集热器共同的优点之外，还有其自身显著的特点。

（1）热效率高。由于传热介质进入真空管后，被吸热板直接加热，减少了中间环节的传导热损，因而可更大限度地利用太阳辐射能。

（2）可水平安装。在有些场合下，可将真空管东西向水平安装在建筑物的屋顶或南立面上，这样既可简化集热器的安装支架，又可避免集热器影响建筑外观。

4.2.3.2 U形管式真空管集热器

U形管式真空管集热管主要由U形管、吸热板和玻璃管等几部分组成，如图4-11所示。国外有些文献将同心套管式真空集热管和U形管式真空集热管统称为直流式真空管，因为两者的基本结构和工作原理几乎一样，只是前者的冷、热水从内、外两根同心套管进出，而后者的冷、热水从连接成U字形的两根平行管进出。

U形管式真空管集热器的主要特点如下：

（1）热效率高。由于传介质进入真空管后，被吸热板直接加热，减少了中间环节的传导热损，因而可更大限度地利用太阳辐射能。

（2）可水平安装。和同心套管式真空管集热器一样，U形管式真空管集热器也可以东西向水平安装在建筑物的屋顶或南立面上。

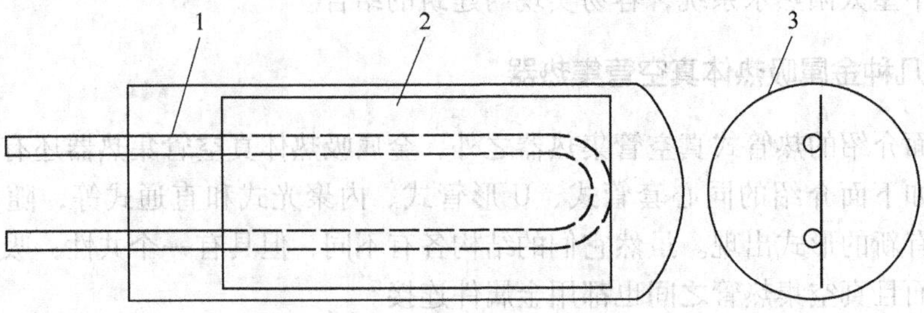

图 4-11　U 形管式真空管集热管示意图

1—U 形管；2—吸热板；3—玻璃管

（3）安装简单。真空管与集管之间的连接比同心套管式真空管简单。

4.2.3.3　内聚光真空管集热器

内聚光真空管集热管主要由复合抛物聚光镜、吸热体和玻璃管等组成，如图 4-12 所示。复合抛物聚光镜也可简称为 CPC。由于 CPC 放置在真空管的内部，故称为内聚光真空管。

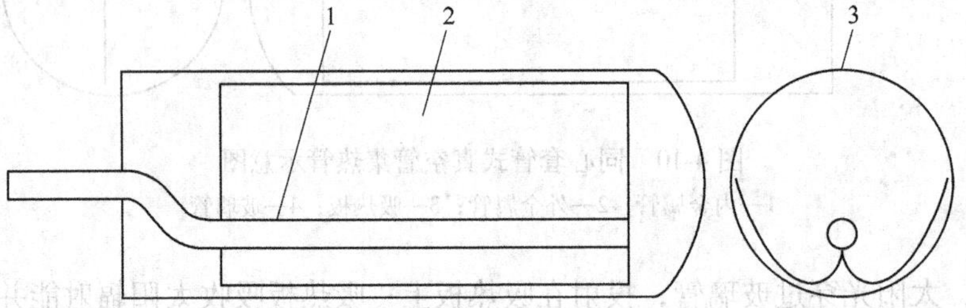

图 4-12　内聚光真空管集热管示意图

1—吸热体；2—复合抛物聚光镜；3—玻璃管

吸热体通常是热管，也可是同心套管（或 U 形管），其表面有中温选择性吸收涂层。平行的太阳光无论从什么方向穿过玻璃管，都会被 CPC 反射到位于其焦线处的吸热体上，然后把吸热体内工质迅速加热。

内聚光真空管集热器的特点是：

（1）运行温度高。由于 CPC 的聚光比大于 1，所以内聚光真空管的运行温度可达 100~150℃。

（2）不需要跟踪系统，与高倍聚光集热系统相比，成本较低，安装维护简单。

4.2.3.4　直通式真空管集热器

直通式真空管集热管主要由直通金属管、吸热板和玻璃管组成，如图 4-13 所示。

吸热板表面有高温选择性吸收涂层，与金属管焊接或嵌套在一起。传热介质从金属管的一端流入，经太阳辐射能加热后，从另一端流出，故称为直通式。由于金属管与玻璃管之间的两端都需要封接，因而必须借助于波纹管过渡，以补偿金属吸热管的热胀冷缩。

直通式真空管集热器的主要特点是：

（1）运行温度很高。直通式真空管通常跟抛物柱面聚光镜配套使用，组成一种聚光型

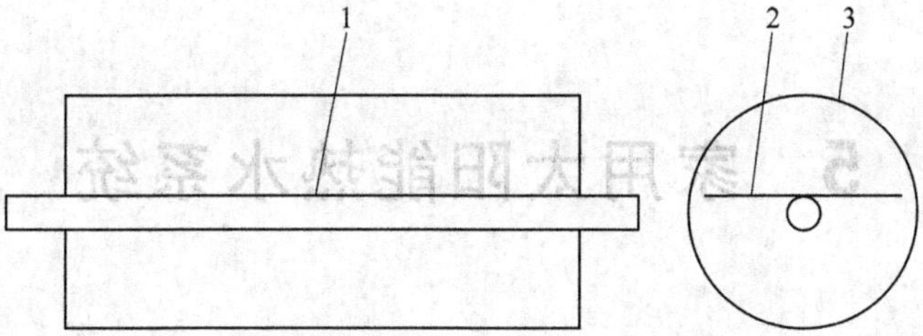

图 4-13 直通式真空管集热管示意图

1—金属管；2—吸热板；3—玻璃管

太阳集热器。由于抛物柱面聚光镜的开口可以做得很大，使集热器的聚光比很高，所以直通式真空管集热器的运行温度可高达 300~400℃。

（2）比较易于组装。由于传热介质从真空管的两端进出，因而便于直通式真空管串联连接。

复习思考题

4-1 简述全玻璃真空管集热器的结构和集热过程。

4-2 说明全玻璃真空管集热器工作过程中存在的问题，并说明如何改进。

4-3 列举常用的玻璃-金属封接式真空管集热器和各自的工作过程。

5　家用太阳能热水系统

5.1　家用太阳能热水系统概述

太阳能热水系统是将太阳能转换为热能来加热水所需的部件和附件组成的完整装置。家用太阳热水系统（也称家用太阳能热水器）是适合住宅或小型商业建筑使用的小型太阳能热水器，通常贮水箱容积在 $0.6m^3$ 以下。

5.1.1　家用太阳能热水器组成及工作原理

家用太阳能热水器主要由太阳能集热器、储热水箱和支架三部分组成，如图 5-1 所示，而配件则有控制器、电加热、电磁阀、传感器、专用管及管件、球阀等。

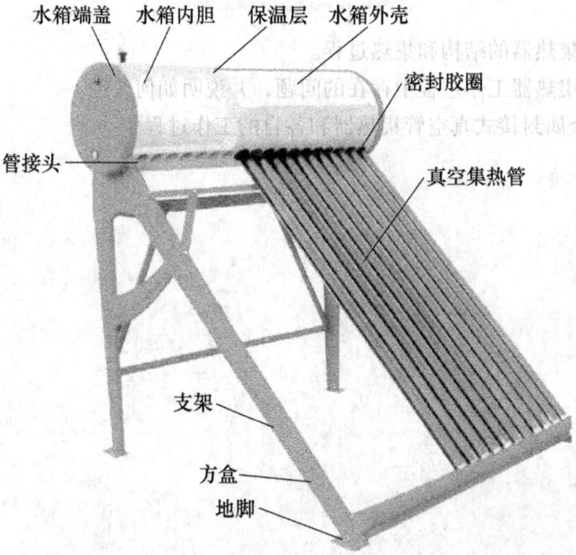

图 5-1　家用太阳热水系统整体结构图

家用太阳能热水器主要分为两大类：平板太阳能热水器和真空管太阳能热水器。其工作原理差不多，如图 5-2 所示，水在集热器中接受太阳辐射加热，温度上升。在集热器和水箱中，因为水温不同而产生密度差，形成自然对流，温度相对较高的水不断进入储热水箱，如此循环往复，最终整箱水都升高至一定的温度。

给太阳能热水器向上打水时，依靠的是自来水的水压，没有自来水或者不能 24h 供自来水的用户，需要依靠水泵或者增压罐来给太阳能热水器打水。

用水时，只要打开水龙头，热水器水箱内的热水便依靠自然落差流出。

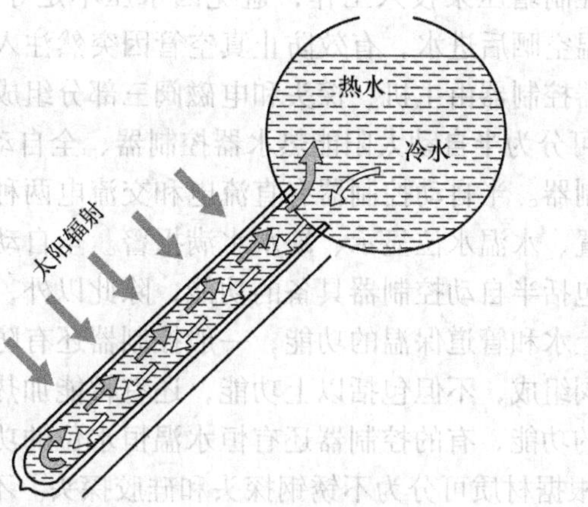

图 5-2 家用太阳热水系统工作原理

5.1.2 家用太阳能热水器主要部件及作用

5.1.2.1 太阳能集热器

平板集热器和真空管集热器是家用太阳能热水器的常用集热部件，具体内容详见第 3 章和第 4 章，在此不再赘述。

5.1.2.2 储热水箱

储热水箱是储存热水的容器，主要由外壳、内胆和保温层组成，如图 5-1 所示。

（1）外壳。水箱外壳材料一般选用厚度 $\delta \geqslant 0.4$mm 的彩钢板（或不锈钢或镀铝锌板），强度高，耐腐蚀。

（2）水箱内胆。不锈钢和搪瓷是目前太阳能热水器制造企业广泛使用，并得到市场普遍认可的水箱内胆材料。由于具有不同的材料性质和优势，前者主要应用于家用非承压式太阳能热水器，后者则主要应用于承压式太阳能热水器。普通不锈钢内胆一般厚约 0.5mm。

（3）水箱保温层。为达到保温效果，在水箱内胆和外壳之间填充聚氨酯保温层，保温层采用聚氨酯整体发泡，厚度为 5~7cm，保温层密度为 30~40kg/m^3，昼夜温差控制在 10℃内。

5.1.2.3 热水器支架

热水器支架一般材料有碳钢、不锈钢和铝合金，碳钢材料价格较便宜，但碳钢容易生锈腐蚀，一般需要进行镀锌、喷塑等表面处理，不锈钢和铝合金价格差不多，无需表面处理。从材料结构连接上考虑，不锈钢一般采用焊接，铝塑材料不能焊接只能用螺栓连接或拉铆连接，所以不锈钢支架稳定性要优于铝塑支架。

5.1.2.4 控制器

控制器作为太阳能热水器的辅助部件，用于采用数字方式显示水温和水位；全自动水位控制，水位低于规定值报警并自动上水，上水到规定水位时自动停止上水（水位的上限可由用户自行设定）；水位界于高低水位之间时，可以通过触摸键手动上水、停水；当水压不足时，自动控制增压泵投入工作，避免因水压不足导致上水失败；全自动的温度控制，可以禁止高温空晒后进水，有效防止真空管因突然注入冷水而爆裂。

太阳能热水器控制器由主机、探头和电磁阀三部分组成。

（1）主机。可分为半自动太阳能热水器控制器、全自动太阳能热水器控制器和全智能太阳能热水器控制器。半自动控制器有直流电和交流电两种，结构简单，价格便宜。主要功能包括水位设置、水温水位显示、缺水水满报警。全自动控制器由电磁阀传感器和主机组成，主要功能包括半自动控制器具备的功能，除此以外，还有自动上水、缺水上水、定时上水、低水压上水和管道保温的功能，一般控制器还有防跑水功能。全智能控制器由主机传感器和电磁阀组成，不但包括以上功能，还有智能加热、定时加热、智能供水、定时供水、停电记忆的功能，有的控制器还有恒水温恒水位的功能。

（2）探头。根据材质可分为不锈钢探头和硅胶探头。不锈钢探头由不锈钢外套热缩管和热敏电阻组成。硅胶传感器又分为软硅胶和硬硅胶传感器两种。硅胶传感器的外部是由硅胶和活性炭组成。硅胶传感器质量的好坏决定于硅胶和活性炭的黏和性。一般不锈钢探头为四芯线，硅胶探头为两芯线。

（3）电磁阀。一般由仪表厂家代选，有止回，带过滤网，里面线圈达标为好。

5.1.2.5　连接管道

连接管道将热水从集热器输送到保温水箱、将冷水从保温水箱输送到集热器的通道，使整套系统形成一个闭合的环路。设计合理、连接正确的循环管道对太阳能系统达到最佳工作状态至关重要。热水管道必须作保温处理，目前较好的保温方式是进口聚氨酯保温。管道必须有很高的质量，保证有20年以上的使用寿命。

5.1.2.6　其他零部件

（1）尾托盒。固定真空集热管尾部的零件，其作用是保持真空玻璃管的稳定。

（2）密封圈。用于密封真空集热管与水箱连接处的零件。

（3）防尘圈。真空集热管插入水箱密封圈后，用于封堵真空管与水箱开孔的零件。

（4）铁鞋。用于固定太阳能热水器与屋面基础的零件。

5.2　家用太阳能热水器常用类型及运行方式

5.2.1　家用太阳能热水器分类

（1）家用太阳热水系统按结构的不同，可分为紧凑式和分离式。

1）紧凑式：储热水箱与集热部件不可分开，储热水箱直接安装在集热器相邻位置上。

2）分离式：储热水箱与集热部件分开一定距离安装。

（2）按运行方式的不同，可分为自然循环式和强制循环式。

1）自然循环式：仅利用传热工质的密度变化来实现集热器和储热水箱之间的循环。

2）强制循环式：利用泵或风机迫使传热工质通过集热器进行循环。

（3）按正常运行时是否承受压力的不同，可分为承压式和非承压式。

1）承压式。承压热水器全称为相变热导式全承压太阳热水器，其采用的相变热导式集热管，是由真空管、相变热导管及传热铝翼构成的。因相变热导管与水箱之间螺纹连接，且真空管内没有液体，故可以承受压力。阳光下，选择性吸收涂层将收集到的热量经传热铝翼传递给相变热导管，相变热导管内的传热工质，利用两次相变过程将热量传递给水箱内的水，完成换热。承压热水器在压力状态（压力大小与当地管网内水压大小基本一致）下顶水使用，即依靠上水压力将水箱内的热水顶出。使用时，应保证上水阀门常开，且不停水。由于热管与水箱之间依靠螺纹连接，因此会有漏水隐患。但真空管内无水，故不会出现一管损坏，整箱水流出的可能性。优点是维修率低、出水强劲几乎和冷水等压。

2）非承压式。非承压热水器全称为直插式全玻璃真空管太阳热水器，因其真空集热管与水箱之间依靠密封胶圈密封，故不能承受压力。非承压热水器在无压状态下落水使用，即依靠落差将水箱内的水放出。水箱下部主要管路为进/出水管和溢流管；水箱水满后，溢流管溢流报警，关断上水阀门；使用时，热水依靠落差在重力作用下由进/出水管流出，此时溢流管起补气作用。由于非承压热水器真空管内有水，因此若有一只管损坏，则水箱内的水便会全部流出。优点是同容积情况下使用热水量大、升温快。

5.2.2 家用太阳能热水器常用类型和运行方式

我国目前安装使用的产品以真空管式、自然循环式、紧凑式、非承压式家用太阳热水系统为主，国外用户多以平板式、强制循环式、分离式、承压式家用太阳热水系统为主。其中，常用的紧凑式家用太阳热水系统的形式、运行方式和适用情况见表 5-1。

表 5-1 紧凑式家用太阳热水系统

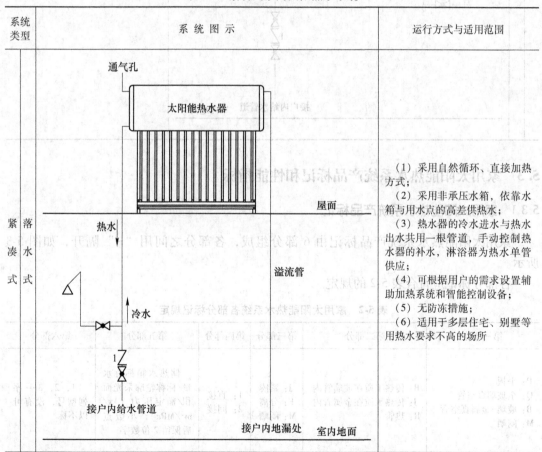

系统类型		系统图示	运行方式与适用范围
紧凑式	落水式	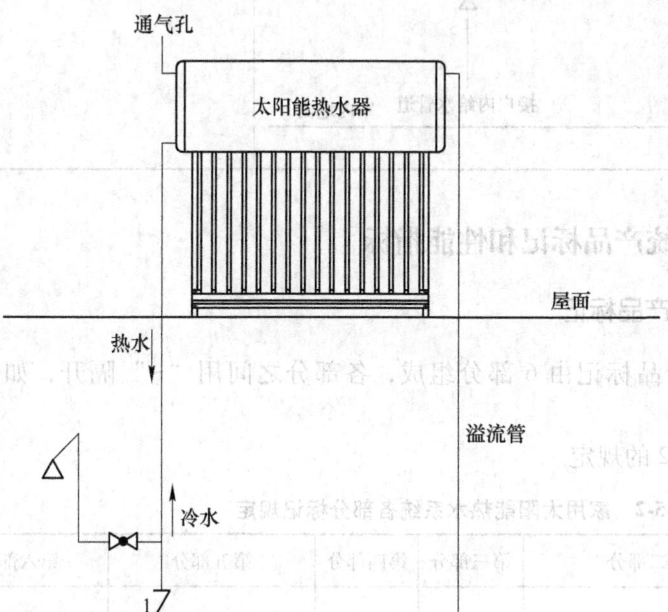	（1）采用自然循环、直接加热方式； （2）采用非承压水箱，依靠水箱与用水点的高差供热水； （3）热水器的冷水进水与热水出水共用一根管道，手动控制热水器的补水，淋浴器为热水单管供应； （4）可根据用户的需求设置辅助加热系统和智能控制设备； （5）无防冻措施； （6）适用于多层住宅、别墅等用热水要求不高的场所

续表 5-1

系统类型		系统图示	运行方式与适用范围
紧凑式	顶水式	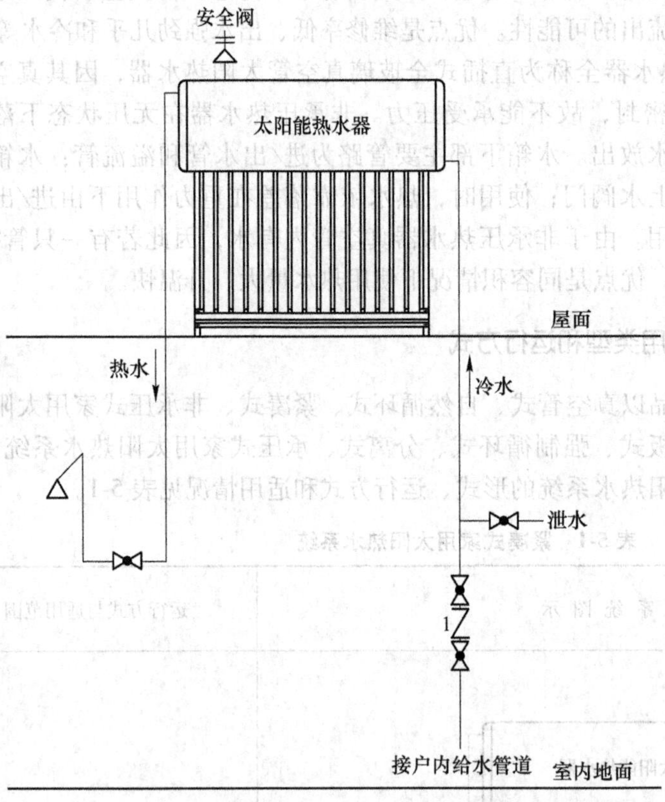	（1）采用自然循环、直接加热方式； （2）采用承压水箱，依靠给水系统压力将热水顶出供热水，热水器自动补水； （3）可一般设置辅助加热系统，淋浴器为热水单管供应； （4）可根据用户的需求设置防冻、防过热等措施，适用于多层住宅、别墅等用热水要求不高的场所

5.3　家用太阳能热水系统产品标记和性能指标

5.3.1　家用太阳能热水系统产品标记

家用太阳能热水系统产品标记由 6 部分组成，各部分之间用“-”隔开，如图 5-3 所示。

各部分标记应符合表 5-2 的规定。

表 5-2　家用太阳能热水系统各部分标记规定

第一部分	第二部分	第三部分	第四部分	第五部分	第六部分
P：平板 Q：全玻璃真空管 B：玻璃-金属真空管 M：闷晒	B：传热工质在玻璃管内 J：传热工质在金属管内 R：热管	J：紧凑 F：分离 M：闷晒	1：直接 2：间接	储热水箱标称水量/标称轮廓采光面积/额定压力（kg/m^2/MPa），小数点后保留 2 位数字	1，2，3…序列型号，没有可以不标

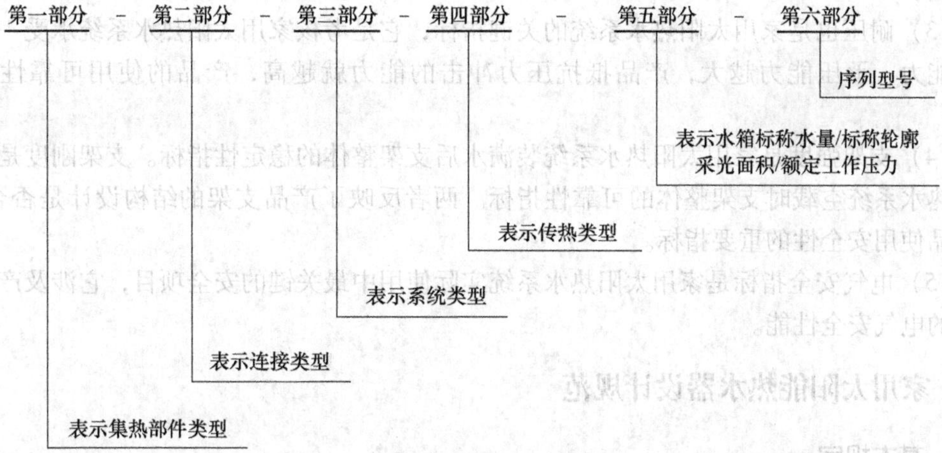

图 5-3 家用太阳能热水系统产品标记

标记示例：以全玻璃真空管、水在玻璃管内、紧凑式、直接式、水量 150L、轮廓采光面积 2.00m^2、额定工作压力 0.05MPa、序列型号为 1 的家用太阳能热水系统为例。标记如下：

Q-B-J-1-150/2.00/0.05-1

5.3.2 太阳能热水器产品性能参数

年日照时数大于 1400h，水平面上年太阳辐照量大于 4200MJ/(m^2·a) 的地区，宜设计、选用太阳能热水系统。

5.3.2.1 热性能参数

（1）供水温度。在日太阳能辐照量为 17MJ/m^2，日平均环境温度在 15~30℃范围内，环境风速小于等于 4m/s，集热开始时储热水箱内水温 20℃条件下，集热结束时，太阳能热水系统储热水箱内的水的温度应大于等于 45℃。

（2）系统热性能。在日太阳能辐照量为 17MJ/m^2，日平均环境温度在 15~30℃范围内，环境风速小于等于 4m/s，集热开始时储热水箱内水温 20℃条件下，集热结束时，太阳能热水系统的日有用得热量应大于等于 7.8MJ/m^2，平均热损因数应小于 3W/(m^2·℃)。

5.3.2.2 关键指标

家用太阳热水系统主要安全指标包括单天日有用得热量、平均热损因数、耐压、外观、支架强度、支架刚度、电气安全性能（适用于配有电辅助加热装置的产品）。

（1）单天日有用得热量是表征家用太阳热水系统吸收、转换太阳光能能力的重要性能参数，直接影响家用太阳热水系统制备热水的能力。单天日有用得热量高，家用太阳热水系统能够提供的单位容量的热水的温度就越高。

（2）平均热损因数是表征家用太阳热水系统在一定时间内水箱保温能力大小的重要性能参数。平均热损因数越小表明产品的保温能力越好；平均热损因数越大，产品的保温能力越差。

（3）耐压也是家用太阳热水系统的关键指标，它是考核家用太阳热水系统承受一定压力的能力，承压能力越大，产品抵抗压力冲击的能力就越高，产品的使用可靠性也就越高。

（4）支架强度是家用太阳热水系统装满水后支架整体的稳定性指标。支架刚度是家用太阳热水系统空载时支架整体的可靠性指标。两者反映了产品支架的结构设计是否合理，是产品使用安全性的重要指标。

（5）电气安全指标是家用太阳热水系统实际使用中最关键的安全项目，它涉及产品使用时的电气安全性能。

5.4 家用太阳能热水器设计规范

5.4.1 基本规定

（1）太阳能是一种可再生的绿色能源，居住建筑的生活热水制取应优先采用太阳能热水系统。

（2）别墅及排屋类住宅应采用太阳能热水器制取生活热水。

（3）低层及多层类住宅宜采用太阳能热水器制取生活热水。

（4）高层住宅，宜在条件许可的前提下，尽量选取合理的太阳能热水器制取生活热水。也可以采用栏板式、阳台式集热器制取生活热水，但应保证集热器能充分地采集阳光。

（5）太阳能热水器设计应纳入居住建筑的规划与设计中，同步设计、同步施工、同步验收交付使用。

（6）太阳能热水器的设计应进行技术经济比较，充分考虑用户使用、施工安装和维护的要求，符合节地、节能、节水、节材、安全卫生、环境保护等有关规定。

（7）太阳能热水器宜与使用辅助能源的水加热设备联合使用，共同构成带互补热源的太阳能热水系统。

（8）太阳能热水器是热源系统和热水供应系统的有机综合，其中的热水供应系统应符合现行国家标准 GB/T 50015—2003《建筑给水排水设计规范》中的有关规定。

5.4.2 规划设计

（1）居住建筑规划应考虑家用太阳能热水器与建筑一体化设计。

（2）建筑物的主要朝向宜朝南布置。

（3）建筑物周围的环境景观与绿化种植应避免对投射到太阳能集热器上的阳光造成遮挡。

5.4.3 建筑设计

（1）太阳能热水器与建筑的一体化设计，应贯穿从方案设计到施工图设计的全过程。

（2）建筑设计应合理确定太阳能热水器在建筑中的位置，应与建筑整体有机结合，共同构成建筑元素，满足建筑造型、建筑使用功能和建筑防护功能等要求。

（3）布置在建筑外部位置上的太阳能热水器及其他系统部件应与周围环境相协调，不应对周围环境产生视觉污染和降低相邻建筑的日照标准。

（4）太阳能热水器应与建筑有可靠的连接，保证集热器安全、稳固，不应影响该建筑部位的承载能力和防护、排水、防雷等功能。

（5）太阳能热水器的安装部位应避免建筑自身及周围设施的遮挡，并满足集热器日照累计时数在冬至日不少于 4h 的要求。

（6）建筑设计应满足太阳能热水器的安装和维修的安全要求，并设置日常维护检修的公共通道，避免公共管道和非本户管道维修入户。

（7）在安装太阳能集热器的建筑部位，应设置防止太阳能集热器损坏后部件坠落伤人的安全防护措施。

（8）太阳能集热器不应跨越建筑的变形缝设置。

（9）建筑设计应考虑太阳能热水器安装面积，并应具有相应的防水、排水措施。

（10）合理布置户内管线走向，管线布置应集中、整齐。垂直集中管线应设置管道井，管道井应预留检修门或检修口。

（11）设置太阳能热水器的平屋面应符合下列要求：

1）太阳能热水器支架应与屋面预埋件固定牢固，并应在地脚螺栓周围作防水密封处理。

2）在屋面防水层上安装太阳能热水器时，防水层应上包到支座上表面，并在基座下部加铺附加防水层。

3）太阳能热水器不得直接安装在屋面保温层上。

4）太阳能热水器周围的检修通道以及从屋面出入口到太阳能热水器之间的人行通道应铺设刚性保护层。

5）管线穿过屋面时，应预埋相应的防水套管，不得在已做好的防水保温屋面上打洞凿孔。

（12）设置太阳能集热器的坡屋面应符合下列要求：

1）屋面坡度宜根据太阳能热水器接收阳光的最佳倾角即当地纬度±(0°~10°）来确定坡屋面的坡度。当采用春分或秋分所在月的日平均辐照量作为计算依据时，宜使太阳能热水器安装倾角略大于当地纬度，以提高冬季的集热效果。

2）坡屋面上的太阳能热水器宜采用顺坡架空安装或顺坡镶嵌安装。

3）太阳能热水器在坡屋面上安装时，应合理布置集管线，并应与屋面造型相协调，穿过屋面的管线应预埋防水套管，防水套管宜顺坡穿过斜屋面，并应在屋面防水施工前埋设完毕。

5.4.4 结构设计

（1）结构荷载计算应包括太阳能热水器在内的全部荷重。

（2）结构设计应为太阳能热水器安装埋设预埋件或其他连接件。连接件与主体结构的锚固承载力设计值应大于连接件本身的承载力设计值。

（3）轻质填充墙不应作为太阳能热水器的支承结构。

（4）太阳能热水器结构设计应计算下列作用效应：

1）非抗震设计时，应计算重力荷载和风荷载效应。

2）抗震设计时，应计算重力荷载、风荷载和地震作用效应。

5.4.5 管路设计

（1）太阳能热水器中的热水管道应按 GB/T 50015—2003《建筑给水排水设计规范》中的有关条款执行，应符合热媒流体的压力及材质要求。

（2）太阳能热水器的管道设计时应有可靠的防冻、防超温、防超压措施。

（3）管线的设计应尽量短捷，减小热损。

（4）选择太阳能热水器时，应对管路系统的热损耗量和控制系统的简便性、可靠性、系统投资总额以及技术经济性能进行综合比较后确定。

（5）太阳能热水器的冷水进水管上应有可靠的防止倒流措施。

5.4.6 运行控制设计

（1）太阳能热水器可采用机械控制操作方式，也可采用全自动控制操作方式。

（2）辅助加热设备应根据储热水箱的温度及热水供水温度之间设定的温差，按用户需要实行分时、定温自动控制。

（3）太阳能热水器的控制器应具备如下智能化管理功能：

1）控制电磁阀启闭，实现自动上水，水满自停。

2）显示储热水箱的热水温度，并反馈信息。

3）显示储热水箱的水位。

4）对辅助加热设备按设定程序进行启、停控制，并显示反馈信息。

5.4.7 电气及防雷设计

（1）电气设计应满足太阳能热水器用电负荷和运行安装要求。

（2）应设专用供电回路，回路有漏电保护措施，保护动作电流值不得超过 30mA。

（3）电辅助加热的供电回路应有计量装置，PE 线有可靠接地。

（4）系统电气控制线路应穿管暗敷，或在管道井中敷设。

（5）如太阳能热水系统不处于建筑物上避雷系统的保护中，应按照国家现行标准 GB 50057—2010《建筑物防雷设计规范》的要求增设避雷设施。

5.5 家用太阳能热水器设计选用

家用太阳能热水器选用步骤如下：

（1）确定用水量。首先应明确用户常住人数、人均用热水量，然后算出一天的热水总量，再根据热水总量以及 $1m^2$ 太阳能集热器产热水能力 F[75~90kg/(d·m^2)]，设计太阳能集热器面积 $S(m^2)$ 以及保温水箱容量 $V(m^3)$。根据经验，用户人均用 55℃ 的热水量可以参考以下参数：

1）家庭用户：花洒喷淋用水 80~100kg/(人·d)，或每人配置 $1m^2$ 的太阳能集热器面积。

2）工厂员工、学校花洒喷淋式用水：40~60kg/(人·d)。

3）宾馆花洒喷淋用水：80~120kg/(人·d)。

4）泡浴缸用水：300~500kg/(人·d)。

确定一天的用热水总量 P(kg)，P/F，即为太阳能集热器面积 S(m^2)，按每平方米太阳能集热器配 0.1m^3 的保温水箱容量配比关系，可算出保温水箱容量为 $V=0.1S$。

太阳能热水器的造价与太阳能集热器的面积和保温水箱容积有直接关系，接近于正比关系，从用户长远的、综合的利益角度考虑，适当选择大一些的太阳能集热器面积，对用户有利，因为初次多投资一些太阳能热水就充足一些，以后就更省运行费用。

（2）选择太阳能集热器及其他配件。太阳能热水器的面积大小确定后，就应选定太阳能集热器的类型。目前国内市场上用的太阳能集热器的类型主要有平板式、真空管式、热管式和 U 形管式四种，四种类型各有优缺点，没有一种是完美的、占有绝对优势的。用户选择太阳能集热器类型应根据安装所在地的气候特征以及所需热水温度、用途来选定。对于广东、福建、海南、广西、云南等冬天不结冰的南方地区的用户，选取用平板式太阳能集热器是非常合适的，因为不需要考虑冬天抗冻的问题，平板型太阳能集热器的缺点就是不抗冻，所以在南方地区使用该类型集热器，其缺点不会表现出来。而平板型的优点却是非常突出的：热效率高，金属管板式结构、免维护、寿命长、性价比高。长江、黄河流域地区的用户，因为冬天会结冰，而且冬天气温高于-20℃，所以选用真空管太阳能集热器是比较合适的，可以抗冻，性价比也比热管、U 形管高，但是真空管的主要缺点是不承压、易结水垢、易爆裂。在东北三省、内蒙古、新疆、西藏等冬季较冷地区的用户就必须选用热管型太阳能集热器，因为热管抗-40℃低温，平板式、真空管都无法抵抗如此低温，但是热管的造价很高，而且热效率最低。

对于工业用途的热水，最好选择平板型太阳能集热器。工业热水用量大，需要很大面积的太阳能集热器，要求集热器不易损坏、易维护、可承压，平板集热器在此方面具有显著的优越性。真空管、热管、U 形管集热器都不能用于大工程。例如，真空管集热器平均每年有 8‰的破损率，而一根管的破裂将导致整个系统瘫痪。

太阳能热水系统中还会用到水管、保温水箱、控制系统等配件，配件的性能也直接影响到整个系统的优越性。可以选择铜管、不锈钢管和 PPR 管作为水管，不要选择镀锌管。其中，PPR 管性价比最高；不要选择采用保温棉来保温的水箱，因为保温棉会吸水；集热板底可以用保温棉而不要用聚苯乙烯来保温；控制系统最好选用进口品牌。

复习思考题

5-1 说明家用太阳能热水器的组成及工作原理。

5-2 简述家用太阳能热水器的分类及各自的运行方式。

5-3 简述家用太阳能热水器的设计过程。

5-4 如何选用家用太阳能热水器？为北京一个三口之家选择合适的太阳能热水器。

6 太阳能热水工程设计

6.1 太阳能热水工程概述

一般讲，只要是供热水量大于0.6t的太阳能热水系统都可以称为太阳能热水工程。通常包括太阳能集热器、储水箱、水泵、连接管道、支架、控制系统和必要时配合使用的辅助能源。

6.1.1 太阳能热水系统分类

（1）太阳能热水系统按有无换热器分为直接系统和间接系统。

1）直接系统，也称为单回路系统或单循环系统，是指最终被用户消费或循环流至用户的热水直接流经集热器的太阳能热水系统。

2）间接系统，也称为双回路系统或双循环系统，是指传热工质不是最终被用户消费或循环流至用户的水，而是传热工质流经集热器的太阳能热水系统。

（2）按集热与供热水范围分为集中供热水系统、集中-分散供热水系统和分散供热水系统。

1）太阳能集中供热水系统，是指采用集中的太阳能集热器和集中的储水箱供给一幢或几幢建筑物所需热水的系统。

2）太阳能集中-分散供热水系统，是指采用集中的太阳能集热器和分散的储水箱供给一幢建筑物所需热水的系统。

3）太阳能分散供热水系统，是指采用分散的太阳能集热器和分散的储水箱供给各个用户所需热水的小型系统。

（3）按辅助能源加热设备安装位置分为内置加热系统和外置加热系统。

1）内置加热系统，是指辅助能源加热设备安装在太阳热水系统的储水箱内。

2）外置加热系统，是指辅助能源加热设备不是安装在储水箱内，而是安装在太阳热水系统的供热水管路上或储水箱旁。

（4）按辅助能源启动方式分为全日自动启动系统、定时自动启动系统和按需手动启动系统。

1）全日自动启动系统，是指始终自动启动辅助能源加热设备，确保可以全天24h供应热水的太阳能热水系统。

2）定时自动启动系统，是指定时自动启动辅助能源加热设备，从而可以定时供应热水的太阳能热水系统。

3）按需手动启动系统，是指根据用户需要，随时手动启动辅助能源加热设备的太阳能热水系统。

6.1.2 太阳热水系统设计选用

太阳能热水系统的最终目的是在寿命期内，稳定提供用户一定温度、一定数量的热水，满足用户热水需要，因此，太阳能热水系统设计应遵循“热装置高效可靠、供给水及循环系统合理适用、辅助能源经济实用”的原则。不同场所太阳热水系统设计选用类型见表 6-1。

表 6-1 太阳热水系统设计选用表

建筑物类型			居住建筑			公共建筑		
			低层	多层	高层	宾馆医院	游泳池	公共浴室
太阳能热水系统工程类型	集热与供热水范围	集中供热水系统	●	●	●	●	●	●
		集中-分散供热水系统	●	●	—	—	—	—
		分散供热水系统	●	—	—	—	—	—
	系统运行方式	自然循环系统	●	●	—	●	●	●
		强制循环系统	●	●	●	●	●	●
		直流式系统	—	●	●	●	●	●
	集热器内传热工质	直接系统	●	●	●	●	●	●
		间接系统	●	●	●	●	●	●
	辅助能源安装位置	内置加热系统	●	●	—	—	●	—
		外置加热系统	—	●	●	●	●	●
	辅助能源启动方式	全日自动启动方式	●	●	●	●	—	—
		定时自动启动方式	●	●	●	—	●	●
		定时手动启动方式	●	—	—	—	●	●

6.2 技术资料准备

确定太阳能热水系统设计方案，就要充分考虑用户单位的具体实际，根据需要科学设计，使其达到合理、可靠、先进。

6.2.1 现场勘查

（1）太阳能热水系统安装点有关资料：地理位置（纬度）、屋面情况（屋面荷载、平顶或斜顶）、承重墙（梁的）分布、周围有无高大建筑物、集热器放置所需正南方向的日照情况，以及消防管及其他管道、设备、设施的分布和高度尺寸。

（2）集热器与前面遮阳物的距离：测量可能对集热器产生阴影的建筑物的高度。

（3）水源：从天面水池接入时，要测量水池的最高水位和最低水位；从市政管网接入时，应了解在用水高峰季节和用水高峰时段的水压情况。

（4）电源：对热水系统配有用电设备的，需了解电压、输电线路可供容量及接驳位置和控制箱的安装位置，特别是加热装置为电热管时，应了解用户的供电容量和安装点的供电线路是否满足要求，如果用户是自己发电，还应了解频率、相电压、线电压情况。

(5) 燃油（气）的供给：对已确认的使用燃油（气）作加热装置或辅助加热装置的要了解燃油（气）接驳位置和燃气的种类、压力能否满足要求；对于已有地下储油设施的，或只设地面油泵的，自活动油车将油从地面抽入天面热水炉的日用油箱时，应与客户协商好天面油箱、地面油泵的位置及大小（日用油箱与燃油热水锅炉应有 7m 以上的安全距离）。

(6) 冷热水交接位置：要了解冷水从哪里接驳，哪些位置需要供热水（开）水，与供水点的管网安装有关的建筑物平面及立面尺寸要测量准确。

(7) 太阳集热器的安装位置对建筑物屋面承载的要求：一般地区屋面的承载力应大于 150kg/m^2，沿海地区因有台风的影响，屋面的承载应大于 200kg/m^2。

(8) 根据集热器的面积拟定集热器的摆放位置与热水箱的位置。

将用户相关调查材料记录在表 6-2 所示表格中。

表 6-2　现场勘查表格

单　位			
冷水补水方式		接驳口位置	
热水用水性质		用水方式	
用水量（总用水量/天）			
电源、可供电源大小		线　径	
电控箱安装位置			
天　面		障碍物	
隔热层厚度			
梁的大小			
楼梯高度			
加热方式	(1) 集热器；(2) 集热器-热泵；(3) 热泵；(4) 其他：		
太阳能位置			
水箱位置			
立管位置			
其他要求			

6.2.2　热水系统负荷计算

6.2.2.1　系统日耗热量、热水量计算

全日供热水的住宅、别墅、招待所、培训中心、旅馆、宾馆、医院住院部、养老院、幼儿园、托儿所（有住宿）等建筑的集中热水供应系统的日耗热量可按式 (6-1) 进行计算：

$$Q_d=\frac{mq_rC(t_r-t_l)\rho_r}{86400} \tag{6-1}$$

式中，Q_d 为日耗热量，W；m 为热水计算单位数，人或床位；q_r 为热水用水量定额，L/(人·d) 或 L/(床·d)；C 为水的质量热容，$C=4187$J/(kg·℃)；t_r 为热水温度，℃；t_l

为冷水温度,℃；ρ_r 为热水密度，kg/L。

系统的热水量可用式（6-2）进行计算：

$$q_{rd}=\frac{86400Q_d}{c(t_r'-t_1')\rho_r} \tag{6-2}$$

式中，q_{rd}为设计日热水量，L/d；t_r' 为设计热水温度,℃；t_1' 为设计冷水温度,℃。

一般工程上，系统的热水量可以按照下式估计计算：

$$q_{rd}=q_r m \tag{6-3}$$

6.2.2.2 设计小时耗热量、用水量计算

热水加热设备的计算，应根据耗热量、热水量和热媒耗量来确定，同时也是对热水供应系统进行设计和计算的主要依据。

A 耗热量计算

（1）全日供应热水的住宅、别墅、招待所、培训中心、旅馆、宾馆的客房（不含员工）、医院的住院部、养老院、幼儿园、托儿所（有住宿）等建筑的集中热水供应系统的设计小时耗热量应按下式计算：

$$Q_h=K_h\frac{mq_rC(t_r-t_1)\rho_r}{86400} \tag{6-4}$$

式中,Q_h 为设计小时耗热量，W；K_h 为热水小时变化系数,全天供应热水系统可按表 6-3~表 6-5 数据选取。

表 6-3 住宅、别墅的热水小时变化系数 K_h 值

居住人数 m	50	100	150	200	250	300	500	1000	3000	≥6000
K_h	6.58	5.12	4.49	4.13	3.88	3.70	3.28	2.86	2.48	2.34

表 6-4 旅馆的热水小时变化系数 K_h 值

床位数 m	≤60	150	300	450	600	900	≥1200
K_h	9.65	6.84	5.61	4.97	4.58	4.19	3.90

表 6-5 医院的热水小时变化系数 K_h 值

床位数 m	≤35	50	75	100	200	300	500	≥1000
K_h	7.62	4.55	3.78	3.54	2.93	2.60	2.23	1.95

注：非全日供应热水的小时变化系数，可参照当地同类型建筑用水变化情况具体确定。

（2）定时供应热水的住宅、旅馆、医院及工业企业生活间、公共浴室、学校、剧院、体育场馆等建筑，其集中热水供应系统的设计小时耗热量应按下式计算：

$$Q_h=\sum\frac{q_hC(t_r-t_1)\rho_rN_0b}{3600} \tag{6-5}$$

式中，Q_h 为设计小时耗热量，W；q_h 为卫生器具的热水小时用水定额，L/h；N_0 为同类型卫生器具数；b 为同类型卫生器具同时使用的概率。

公共浴室和工厂、学校、剧院、体育馆等浴室中的淋浴器和洗脸盆同时使用 b 按 100%计算；客房中设有浴盆的宾馆、旅馆，按 60%~70%计算，其他器具不计；医院、疗

养院的病房卫生间的浴盆按 25%~30%计算，其他器具不计；全日制供应热水的住宅，每户设有浴盆时，仅计算浴盆，其他器具不计。

B　热水量的计算

设计小时热水量可按下式计算：

$$q_{rh}=\frac{Q_h}{1.163(t_r-t_l)\rho_r} \tag{6-6}$$

式中，q_{rh}为设计小时热水量，L/h；Q_h 为设计小时耗热量，W。

（1）全日制供应热水的系统，设计小时用水量可按式（6-7）计算：

$$Q_h=K_h\frac{mq_r}{T} \tag{6-7}$$

式中，Q_h 为最大小时热水用水量，L/h；T 为热水供应时间，h；K_h 为全日制供应热水时小时变化系数，L/h。

（2）定时供应热水的系统，设计小时用水量可按式（6-8）计算：

$$Q_h=\sum\frac{q_h n_0 b}{100} \tag{6-8}$$

式中，Q_h 为最大小时热水用水量，L/h；q_h 为卫生器具 1h 的热水用水量，L/h；n_0 为同类型卫生器具数；b 为在 1h 内卫生器具同时使用的概率。

6.2.3　太阳能热水系统集热器换热计算

（1）直接系统集热器总面积的计算。

$$A_c=\frac{Q_w C_w(t_{end}-t_i)f}{J_T\eta_{cd}(1-\eta_L)} \tag{6-9}$$

式中，A_c 为直接系统集热器总面积，m^2；Q_w 为日均用水量，kg；t_{end}为储水箱内水的终止温度（用水温度），℃；C_w 为水的定压比热容，4.187kJ/(kg·℃)；t_i 为水的初始温度，℃；J_T 为当地年日均集热器受热面上辐照量，kJ/m^2；f 为太阳能保证率，国标取值范围 0.3~0.8；η_{cd}为集热器全日集热效率，国标经验值取 0.40~0.55；η_L 为管路及储水箱热损失率，一般取 0.15~0.2。

假设，日用水量为 10t，水箱的终止温度为 45℃，初始水温为 15℃，年日均辐照量为 $15000kJ/m^2$，太阳能保证率取 0.5，集热器全日集热效率取 0.47，热损取 0.2，则经计算直接系统集热器总面积 A_c 为 $133.4m^2$。

（2）间接系统集热器总面积的计算。

$$A_{in}=A_c\left(1+\frac{F_R U_L A_c}{U_{hx}A_{hx}}\right) \tag{6-10}$$

式中，A_{in}为间接加热系统的太阳能集热器总面积，m^2；A_c 为直接加热系统太阳能集热器总面积，m^2；U_{hx}为换热器传热系数，W/(m^2·℃)；A_{hx}为换热器传热面积，m^2；$F_R U_L$ 为集热器总热损系数，W/(m^2·℃)，对平板型集热器，$F_R U_L$ 宜取 4~6W/(m^2·℃)，对真空管集热器，$F_R U_L$ 宜取 1~2W/(m^2·℃)。

（3）间接系统换热器的选型计算。

1）间接系统换热量 Q_Z 的计算：

$$Q_Z=\frac{k_t\times f\times q_{rd}\times C\times\rho_r\times(t_e-t_L)\times1000}{3600\times S_Y} \tag{6-11}$$

式中，Q_Z 为集热系统换热量，W；k_t 为太阳辐照度时变系数，一般取 1.5~1.8，取上限对太阳能利用率有利；f 为太阳能保证率，按照太阳能实际保证率计算；q_{rd} 为日均用水量，kg；C 为工质的定压比热容，4.18kJ/(kg·℃)；ρ_r 为工质密度，kg/L；t_e 为储水箱内水的设计温度，℃；t_L 为水的初始温度，℃；S_Y 为年平均日照小时数，h。

假设，太阳辐照度时变系数取 1.7，太阳能保证率取 60%，日均用水量为 10t，工质的定压比热容为 4.18kJ/(kg·℃)，工质（水）密度为 1kg/L，储水箱内水的设计温度为 45℃，水的初始温度为 15℃，年平均日照小时数为 7h，则经计算集热系统换热量 Q_Z 为 50757.14W。

2）间接系统换热器换热面积 F 的计算：

$$F=\frac{C_r\times Q_Z}{\varepsilon\times K\times\Delta t_j} \tag{6-12}$$

式中，F 为换热面积，m^2；Q_Z 为集热系统换热量，W；K 为传热系数，根据换热器厂家技术参数确定；ε 为结垢影响系数，0.6~0.8；C_r 为集热系统热损失系数，1.1~1.2；Δt_j 为计算温度差，宜取 5~10℃，集热性能好，温差取高值，否则取低值。

假设，集热系统换热量为 50757.14W，传热系数为 5000，结垢影响系数取 0.7，集热系统热损失系数取 1.2，计算温度差取 8℃，则经计算换热面积 F 为 2.175m^2。

6.3 太阳能集热器设计

6.3.1 集热器的类型选择

目前国内市场上用的太阳能集热器的类型主要有平板式、真空管式、热管式、U 形管式四种，四种类型各有优缺点，没有一种是完美的、占有绝对优势的。用户选择太阳能集热器类型应根据安装所在地的气候特征以及所需热水温度、用途来选定。

对于广东、福建、海南、广西、云南等冬天不结冰的南方地区的用户，选用平板式太阳能集热器非常合适，因为不需要考虑冬天抗冻的问题，而平板型太阳能集热器的缺点是不抗冻，而优点却是非常突出：热效率高，金属管板式结构、免维护、15 年寿命、性价比高。长江、黄河流域地区的用户，因为冬天会结冰，而且冬天气温高于-20℃，所以选用真空管太阳能集热器是比较合适的，既可以抗冻，性价比也比热管、U 形管高，但是真空管的主要缺点是不承压、易结水垢、易爆裂。在东北三省、内蒙古、新疆、西藏等较冷地区的用户就必须选用热管型太阳能集热器，因为热管抗-40℃低温，平板式、真空管都是无法抵抗如此低温，但是热管的造价很高，而且热效率最低。

对于工业用途的热水，最好选择平板型太阳能集热器。工业热水用量大，需要很大面积的太阳能集热器，要求集热器不易损坏、易维护、可承压，平板集热器在此方面具有显著的优越性。真空管、热管、U 形管集热器都不能用于大工程，例如，真空管集热器平均每年有 8‰的破损率，而一根管的破裂将导致整个系统瘫痪。

综上所述，应根据使用地区的气候特征和用途来选择最优性价比的类型。

6.3.2　集热器数量的确定

6.3.2.1　真空管集热器数量的确定

工程配备真空管的数量和当地的太阳能辐射量、环境温度、冷水水温都有一定的关系，与真空管的质量、集热器的布置和工艺也有一定的关系，这里提供一组行业内习惯采用的经验数据供参考，见表 6-6。

表 6-6　日产 1t 热水时真空管集热器的真空管配套数量

项　目		ϕ47mm×1500mm	ϕ58mm×1800mm	备　注
每支管的产水量（50℃）/L · d^{-1}		7~10	11~13	
福建以南	每吨太阳能热水配管量/支	100	76	增强管（紫金管等）产水量略有提高，同时要根据集热器的生产规格选定
福建以北 长江以南		120	88	
长江以北		140	100	

根据表 6-6 可以初步确定工程真空管的数量，然后再根据生产或者采购的条件，确定最终的真空管的数量。

6.3.2.2　平板集热器数量的确定

根据式（6-8）或式（6-9）可以计算一个工程要用多少面积的平板集热器，但由于公式比较复杂，一般的小工程都采用估算方式。工程配备平板的数量和当地的太阳能射量、环境温度、冷水水温都有一定的关系，和平板的质量也有一定的关系。标准的平板是1m×2m 的，绝大多数的工程都采用这种规格的平板，这里提供一组行业内习惯采用的经验数据供参考，见表 6-7。

表 6-7　平板集热器的产热水量（50℃）

项　目	每平方米平板集热器的产热水量/L	每块标准平板（2m^2）的产热水量/L	循环介质	备　注
广东以南	80~90	160~180	水	质量较好的平板集热器可以考虑增加一些产热水量
广东以北福建以南	70~75	140~150	水	
福建以北长江以南	60~65	120~130	水或防冻液	
长江以北	50~55	10~1100	水或防冻液	

6.4　系统运行方式选择

6.4.1　太阳能热水系统运行方式

6.4.1.1　自然循环系统

自然循环系统也称为热虹吸系统，是仅利用传热工质的密度变化来实现集热器和蓄热装置之间或集热器和换热器之间进行循环的系统。这种系统结构简单，为了保证必要的热虹吸压头，储水箱应置于集热器上方。

如图 6-1 所示，在自然循环系统中，水在集热器中受太阳辐射能加热，温度升高，加热后的水从集热器的上循环管进入储水箱的上部，与此同时，储水箱底部的冷水由下循环管流入集热器，经过一段时间后，水箱中的水形成明显的温度分层，上层水达到可使用温度。用热水时，由补给水箱向储水箱底部补充冷水，将储水箱上层热水顶出使用，其水位由补给水箱内的浮球阀控制。

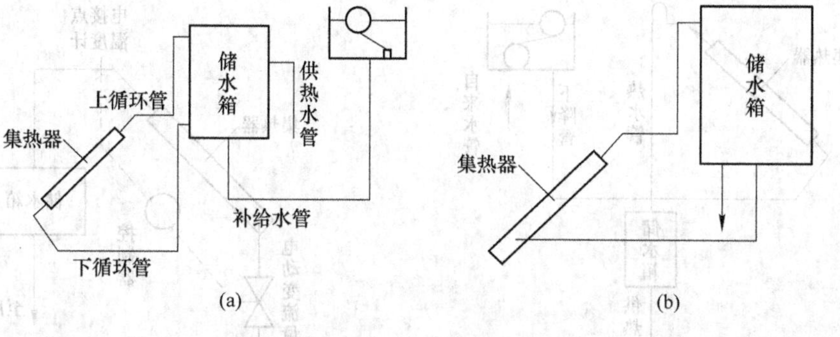

图 6-1 自然循环式太阳能热水系统
（a）有补水箱；（b）无补水箱

这是国内最早采用且目前大量推广应用的一种太阳能热水系统。其优点是系统结构简单，不需要附加动力和辅助能源，运行安全可靠，管理方便。其缺点是为了维持必要的热虹吸压头，并防止系统在夜间产生倒流现象，储水箱必须置于集热器的上方。因为大型系统的储水箱很大，要将储水箱置于集热器上方，在建筑布置和荷重设计上都会带来很多问题，因此，大型太阳能热水系统，不适宜采用这种自然循环方式。

系统优点：运行方式简单，投资小，设备维护费用少，适合普通单机太阳能热水器。

系统缺点：储热水箱必须要高于集热器，而且高度差要大，通常 1~2m。储热水箱内的水升温比较缓慢，而且对管道和坡度都有严格的要求，不宜做成较大（$30m^2$ 以上）的热水工程系统。

6.4.1.2 直流式系统

直流式系统是待加热的传热工质一次流过集热器后，进入蓄热装置（储水箱）或进入使用辅助热源的加热器，或进入使用点的太阳能加热系统。直流式系统有热虹吸型和定温放水型两种。

（1）热虹吸型。热虹吸型直流式太阳热水系统由集热器、储水箱、补给水箱和连接管道组成，如图 6-2 所示。

补给水箱的水位由箱中的浮球阀控制，使之与集热器出口热水器（上升管）的最高位置一致。根据连通管的原理，在集热器无阳光照射时，集热器、上升管和下降管均充满水，但不流动。当集热器受到阳光照射后，其内部的水温升高，在系统中形成热虹吸压力，从而使热水由上升管流入储水箱，同时补给水箱的冷水则自动经下降管进入集热器。太阳辐射越强，则所得的热水温度越高，数量也越多。早晨太阳升起一段时间以后，在储水箱中便开始收集到热水。这种虹吸型直流式太阳热水系统的流量具有自动调节功能，但供水温度不能按用户要求自行调节。这种系统目前应用得较少。

(2) 定温放水型。为了得到温度符合用户要求的热水，通常采用定温放水型直流式太阳热水系统，如图6-3所示。该系统在集热器出口处安装测温元件，通过温度控制器，控制安装在集热器入口管道上的开度，根据温度调节水流量，使出口水温始终保持恒定。这种系统不用补给水箱，补给水管直接与自来水管连接。系统运行的可靠性，同样决定于电动阀和控制器的工作质量。

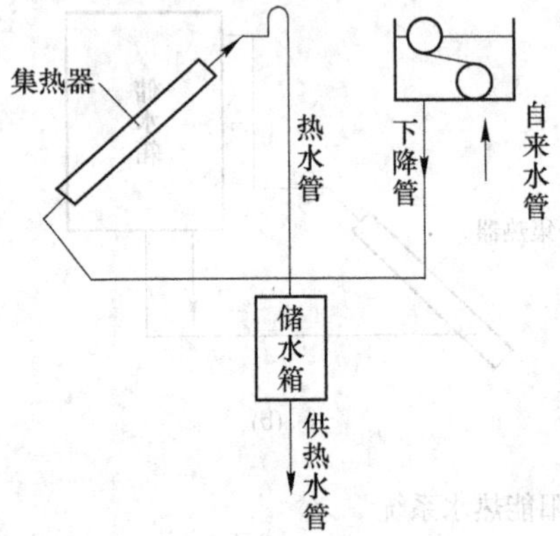

图6-2　热虹吸型直流式热水系统

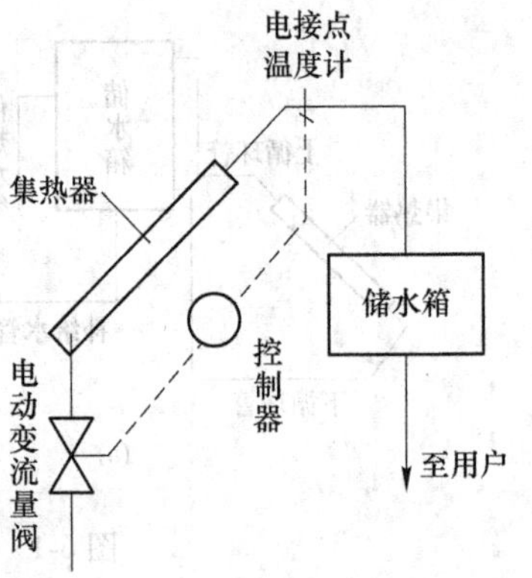

图6-3　定温放水型直流式热水系统

定温放水型直流式太阳热水系统由于系统的补冷水由自来水直接供给，自来水具有一定的压头，保证了系统的水循环动力，因此系统中不需设置水泵。储水箱可以因地制宜地放在室内，既减轻了屋顶载荷，也有利于储水箱保温，减少热损失。完全避免了热水与集热器入口冷水的掺混，可以取消补给水箱，系统管理得到大大简化。阴天，只要有一段见晴的时刻，就可以得到一定量的适用热水。所以，定温放水型直流式太阳热水系统特别适合于大型太阳热水装置，布置也较为灵活。缺点是要求性能可靠的电磁阀和控制器，从而使系统较为复杂。在能够得到性能可靠的电磁阀的条件下，是一种结构合理、值得推广的太阳热水系统。目前国内有一定的应用。

系统优点：系统运行相对自然循环系统产热水速度大大提高，系统运行由控制器控制，智能化提高，系统相对比较稳定，适用于大型热水工程。

系统缺点：对储热水箱保温性能要求高，当储热水箱内的水温降低而水箱又处于满水位时，无法使集热器内的高温水继续进入水箱，造成浪费。系统增加控制器及温度探头，设备维护费用提高。

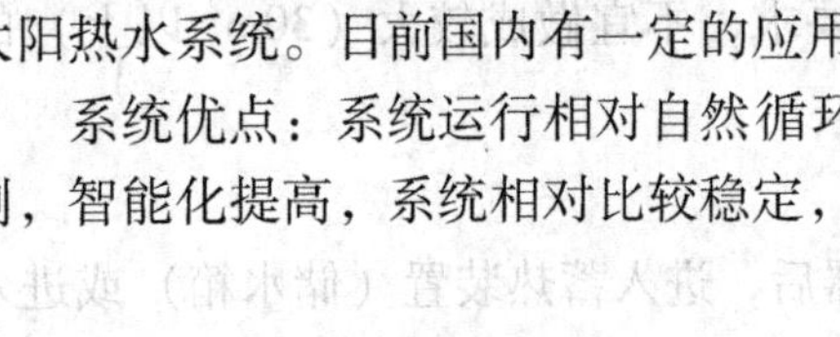

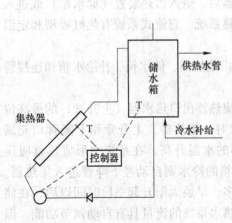

图6-4　主动循环式太阳热水系统

6.4.1.3　主动循环系统

主动循环系统又称强制循环太阳能热水系统，是利用泵或风机等外部机械设备动力迫使传热工质通过集热器或换热器进行循环的热水系统。

图6-4所示为主动循环式太阳热水系统。这种系统在集热器和储水箱之间管路上设置水泵，作系统中的水循环动力。系统中设有控制装置，根

据集热器出口与储水箱之间的温差控制水泵运转。在水泵入口处，装止回阀，防止夜间系统中发生水倒流而引起热损失。

主动循环式太阳热水系统使循环动力大大增加，有利于提高热效率，实现热水系统的多种功能及控制，是目前应用较广泛的一种热水系统形式。

6.4.2 系统运行方式选择应考虑的问题

（1）太阳热水系统运行方式的合理性、先进性、可靠性。对于宾馆使用的太阳热水系统，一般应设计成直流定温与温差循环相结合的运行方式，当储热水箱水位不满时，系统采用直流定温方式运行；当储热水箱达到满水位时，系统自动转入温差循环，通过提升储热水箱的热水温度，来储存太阳集热器得到的热能。

（2）优先利用太阳能源，当太阳能不足时，再利用辅助能源补充加热热水。宾馆的用热水量随用热水人数的变化而变化，如何达到既充分利用了太阳能产生的热水，又及时补充由于太阳能产热水不足造成的热水短缺，是设计时应特别注意的问题。过分地利用辅助能源产生热水，会造成热水费用的增加和太阳能产热水的浪费；辅助能源补充不及时，又会造成热水短缺，无法实现全天24h供热水。由于太阳辐射量变化的无规律性，宾馆用水量的不确定性，这些都直接影响辅助加热时间的长短。这种变化，可以通过智能控制器来检测、判断、确定何时启动和停止辅助加热，达到优先利用太阳能源，当太阳能不足时，再利用辅助能源补充热水的目的。

（3）太阳能系统与建筑物的协调性、方便性。对于太阳集热器与储热水箱的摆放位置和摆放方式，除了要考虑是否有利于太阳能采光、系统循环、管路布局、日常维护等因素外，还应考虑是否与所处的建筑风格相协调。太阳热水系统至少应做到不破坏建筑的整体风格。

（4）工程系统的经济性。太阳集热器的种类不同，其特点也不同，各有其适应的范围。因此，应根据其特点来加以选择太阳能热水工程系统。并非最贵的就是最好的，关键要看其用途。

（5）控制系统的全自动化、智能化、先进性、可靠性。太阳能热水工程系统的控制除了上面提到的定温控制，温差循环控制，辅助加热智能控制外，还需考虑防冻控制，远程监控等。目前，智能控制的方法很多，但控制器的功能以及智能化程度差别很大。应用PLC可编程控制器，为实现太阳能控制系统的自动化智能化带来了极大的方便和可能，并提高了控制系统的可靠性。

6.5 储水箱设计

储水箱是太阳能热水器的主要部件之一，是储存冷热水的装置，应具有良好的保温性能。水箱的融水量、保温性能、形状、结构和材料的选用将直接影响太阳能热水器的性能和运行。

储水箱有多种分类方法，按加工外形可分为方形水箱、圆柱形水箱、球形水箱；按水箱放置方法可分为立式水箱和卧式水箱；按水箱是否保温可分为保温水箱和非保温水箱；按水压状态可分为承压水箱和非承压水箱。

6.5.1 水箱安装位置的确定

根据承重梁柱的尺寸确定其荷载，常规情况下，水箱的安装位置应选择在有承重立柱的十字梁或T字梁上，其水箱的重量均匀分布在梁上。梁的尺寸和钢筋配置情况与荷载有直接关系，因此应按照表6-8来选择水箱的设计容量。

表6-8 承重梁尺寸与荷载选择

梁尺寸（高×宽）/mm×mm 水箱容量/m^3 钢筋形状	600×400	550×350	500×300	450×250	400×200
十字形	8	7	6	4	3
T字形	6	5	4.5	3	2

对于较大容量的水箱，在一个承重梁柱不能满足要求的前提下，可选择多个承重梁均匀承重，并用工字钢或预制钢筋混凝土反梁做水箱加强基础，表6-9为工字钢的规格。

表6-9 水箱加强底座工字钢选型

水箱容量/m^3 水箱加强底座工字钢型号 承重梁柱跨距/m	4	5	6	7	8	9	10	15	20	25	30
3	10号	10号	12.1号	12.6号	12.6号	12.6号	10号				
4	12.6号	14号	14号	16号	16号	16号	16号	18号	16号	18号	20a号
6	16号	18号	18号	20a号	20b号	22a号	20b号	25a号	25b号	28b号	32a号
7.5	18号	20a号	20b号	22a号	22b号	25a号	25a号	28b号	32a号	36a号	36c号

注：以上工字钢选型是按水箱底座安装示意图（图6-5）计算。

6.5.2 水箱支架及加强底座的设计

6.5.2.1 立式水箱支架

（1）太阳能自然循环。自然循环的水箱架高度为1.3~1.5m，在正常情况下，尽可能满足水箱支架高度比系统中最高集热器支架高30cm，对于20m^2以上系统，因水箱支架太高使整体美观和造价都会受到影响，因此一般不高于1.5m，水箱架立柱视水箱的承重情况一般采用三至四条，必要时也可在水箱架的中心点设一条立柱。

（2）太阳能强制循环。对水箱架的高度没有严格要求，一般有20cm，满足水箱的排污接管要求和防止水箱外壳受损就可以。在没有热水加压泵时，也可将水箱支架加高1~1.5m，以满足最高用水点的水压要求。

（3）热水锅炉加热。在广东地区要根据热水锅炉顶部的表压少于0.03MPa的原则来设计，水箱架高度应低于1.5m。在其他地区要根据热水锅炉顶部的表压为0MPa的原则来设计，水箱架高度应低于1.5m。

6.5.2.2 卧式水箱支架

采用弧形底座支承水箱，水箱底座数量与水箱长度有关，因水箱壁厚强度问题，水箱底座间距为1~1.5m，水箱容量小者取小值。

6.5.2.3 水箱加强底座安装

水箱加强底座安装如图6-5所示，有关说明如下：

（1）弧形底座弧度设计为100°，宽度设计为300°~400°，水箱直径大者取大值。

（2）工字钢基座采用10~12号槽钢连接成“目”字形。

（3）钢制基础采用14~20号槽钢焊成“口”字形。

（4）固定铁板采用10~14mm厚的Q235钢板。上面钻四个固定螺丝孔。

6.5.3 水箱保温设计

按12h内降温不超过1℃设计。

6.5.3.1 常规保温

（1）结冰地区。水箱外壁先用$\delta=40$mm厚岩棉保温，再用两层EPS泡沫板保温，外面用玻璃纤维布包裹，并涂沥青漆2道做防潮处理，外面用$\delta=0.2$mm铝皮包装，再用M4×10不锈钢自攻螺丝固定。也可根据客户要求采用其他材料作外包装。

（2）非结冰地区。水箱外壁先用$\delta=40$mm厚岩棉保温，再用两层EPS泡沫板保温，外面用$\delta=0.2$mm铝皮包装，用M4×10不锈钢自攻螺丝固定。

6.5.3.2 聚胺酯发泡保温

对于客户提出要用聚胺酯发泡保温的：结冰地区的保温层厚度$\delta=80$mm；非结冰地区的保温层厚度为$\delta=60$mm。外面用$\delta=0.2$mm铝皮包装。聚胺酯发泡料的质量（t）与聚胺酯发泡料发泡后的体积（m^3）比为1∶18。

外壳材料：通常采用$\delta=0.3$mm厚的铝皮做水箱外包装。对于客户有特殊要求的也可采用彩塑钢板或不锈钢镜面板做水箱外包装。

铝皮规格为1030×0.3×C；彩塑板规格为1000×0.42×C；不锈钢镜面板规格为1219×0.3×C。当采用不锈钢镜面板做水箱外包装时，水箱的设计高度应与外包装不锈钢板宽度综合考虑，以提高材料利用率。

6.5.4 水箱选型设计

（1）在原有建筑物上设计安装水箱时，因建筑物在设计时未考虑水箱的放置因素，故水箱容量一般不应超过5m^3，以便节省加强工字钢底座费用。

（2）在建筑设计阶段已将热水系统一同考虑设计的，可将水箱容量做大一些，并将水箱容量及安装位置提供给设计院，以便进行整体设计而不需要工字钢做加强底座。

（3）在地面或建筑物底层安装水箱的，其水箱可设计大一些，最大容量可达200m^3。

（4）水箱设计时，从水箱造价因素考虑，优先选用立式圆柱形水箱，其次才选用卧式水箱，再就是矩形水箱。

（5）太阳能蓄热水箱选型原则。

1）自然循环太阳能系统一般为每个系统配一个水箱，水箱容量按集热器面积确定，

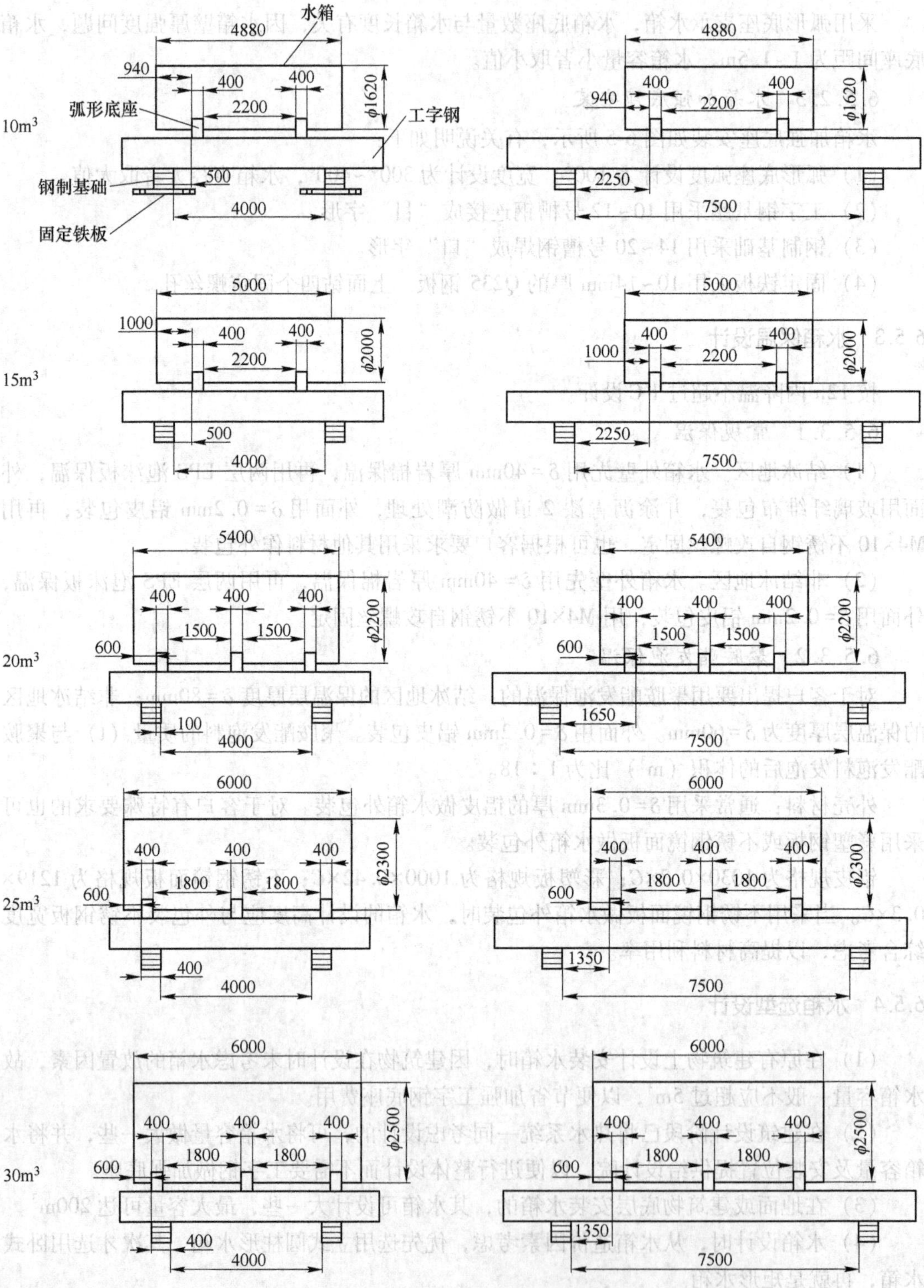

图 6-5 水箱加强底座安装示意图（单位：mm）

配水量在广东地区按集热器面积 70L/m^2，在其他地区按 50~60L/m^2。

2）强制循环太阳能可根据水箱和安装点的承载能力和场地空间确定水箱的数量和容量。

（6）热水锅炉蓄热水箱选型原则。按热水锅炉每小时产水量的 1~2 倍选择其水箱总容量，水箱数量应根据其安装点的荷载情况和场地空间来确定（或依热水总量的 60%~70%减炉产水量来确定水箱总容积）。

（7）恒温水箱选型原则。为全天候使用热水的太阳能系统配置，其容量按最大小时用水量的 50%~70%确定水箱容量。

（8）开式和闭式水箱选型原则。当水箱内的水采用常压热水锅炉加热时，且水箱高度低于热水锅炉高度时，应设计成闭式水箱。反之，做成开式水箱。开式水箱的水箱口是可以随时打开，并可以透气的；闭式水箱可以不设计水箱口，但为了保证清洗水箱的需要，要将水箱口做成法兰，上盖用不锈钢盲板加石棉橡板用螺丝紧固。

6.5.5 太阳能蓄热水箱的开孔位置设计

太阳能自然循环和强制循环的蓄热水箱应设计 5 个以上管接头：上循环管口、下循环管口、排污管口、供热水管口、补冷水管口。如图 6-6~图 6- 9 所示。

（1）上、下循环管口设计位置应为对角线位置，以防止上下循环管的水流产生短路现象。上循环管口一般设在大于水箱的 2/3 高处，下循环管口应设在距水箱底部 50mm 处，以防止水中的沉淀物流入集热器产生水垢而影响热效率。

（2）补冷水管口可设在水箱底部或侧面，其位置应高于底部 30mm 左右，以防止将沉积于底部的沉淀物冲起来流入集热器中。对于在使用热水时又补冷水的系统，其补冷水管口设在水箱底部时，应在水箱内侧冷水入口处设一斗笠形挡水罩，防止水的冲击力将冷

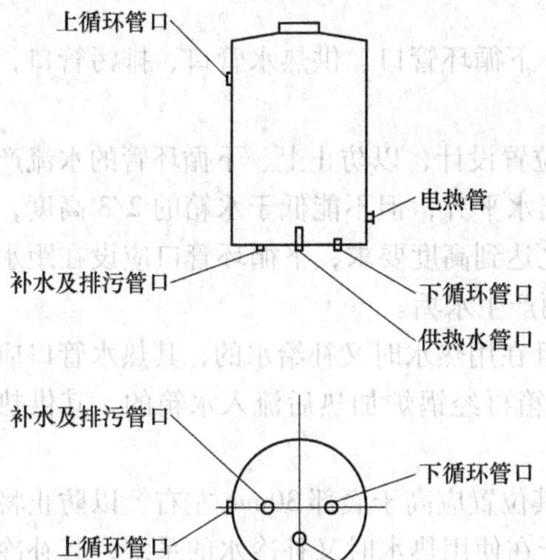

图 6-6 自然循环定时补水电辅助加热的开孔位置

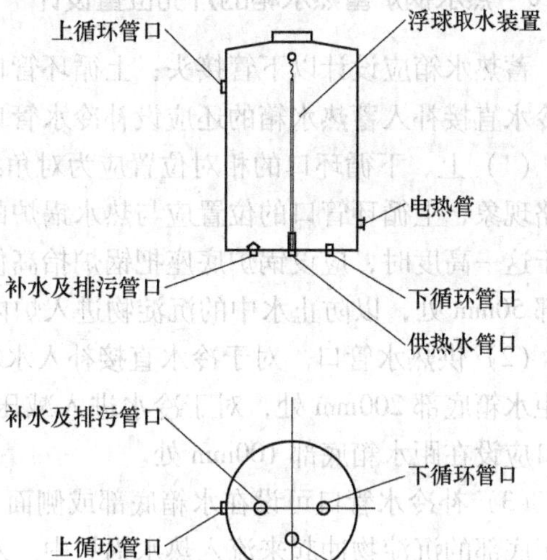

图 6-7 自然循环非定时补水电辅助加热的开孔位置

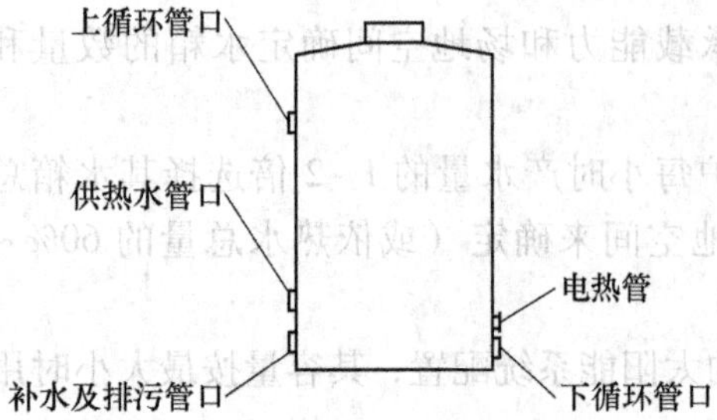

图 6-8 强制循环定时补水电辅助加热的水箱开孔位置

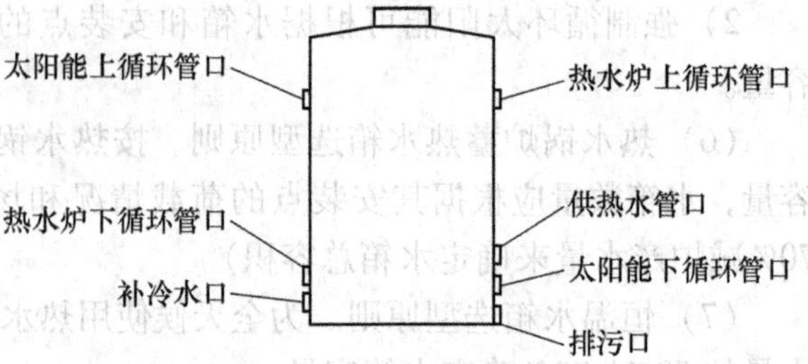

图 6-9 强制循环热水锅炉辅助加热的水箱开孔位置

热水的分层破坏。

（3）排污管口应设在水箱的最底部或侧面的最低位置，便于清洗排污。

（4）供热水管口的开孔位置可设在水箱底部或侧面，开孔位置设在底部的可在水箱内底板上焊一条不锈钢水位保护管。对于在用热水的同时又补充冷水的系统，其热水管口应高于水箱底部 250mm；对于用水时不补冷水的系统，只要高于水箱底部 50mm 即可；对于水箱内装有电热管的，应高于电热管 100mm，以保护电热管不至于干烧而损坏；对于有热水锅炉辅助加热的，其开孔位置应高于热水锅炉下循环口 50mm，以防止热水锅炉循环水泵空转而损坏泵的密封圈。

（5）采用热锅炉进行辅助加热的，其下循环口开孔位置距水箱底部 50mm 处，其上循环的开孔位置应与热水锅炉的出水口平齐。但上、下循环管口须成对角线位置，以免水流产生短路现象。

6.5.6 热水锅炉蓄热水箱的开孔位置设计

蓄热水箱应设计以下管接头：上循环管口、下循环管口、供热水管口、排污管口，对于冷水直接补入蓄热水箱的还应设补冷水管口。

（1）上、下循环口的相对位置应为对角线位置设计，以防止上、下循环管的水流产生短路现象，上循环管口的位置应与热水锅炉的出水平齐，但不能低于水箱的 2/3 高度，如低于这一高度时，应设锅炉底座把锅炉抬高使之达到高度要求，下循环管口应设在距水箱底部 50mm 处，以防止水中的沉淀物进入炉内而产生水垢。

（2）供热水管口。对于冷水直接补入水箱且在用热水时又补给水的，其热水管口应设在距水箱底部 200mm 处，对于冷水进入减压水箱再经锅炉加热后流入水箱的，其供热水管口应设在距水箱底部 100mm 处。

（3）补冷水管口可设在水箱底部或侧面，其位置应高于底部 30mm 左右，以防止将沉积于底部的沉淀物冲起来流入热水锅炉中。对于在使用热水时又补冷水的系统，其补冷水管口设在水箱底部时，应在水箱内侧冷水入口处设一斗笠形挡水罩，防止水的冲击力将冷热水的分层破坏。

（4）排污管口应设在水箱的最底部或侧面的最低位置，便于清洗排污。

不锈钢水箱参数见表 6-10。

表 6-10 不锈钢水箱参数表

立式	水箱容量/m^3	0.5~1	1.1~2	2.1~4.5	4.6~6	6.1~10	10.1~15	15.1~20
	高度/mm	1219	1520	1830	2438	2438	2438	3657
	板厚/mm	0.8	1.0	1.2	1.2	1.5	2.0	2.5
卧式	水箱容量/m^3	9~12	12.1~15	15.1~20	20.1~30	30.1~40		
	长度/mm	3657	4500	6000	7500	9000		
	板厚/mm	2.0	2.5	2.5	3.0	3.0		

注：此表高度与长度尺寸仅供参考。水箱高度或长度应根据不锈钢板宽度来选择，板厚在 2.0mm 及以下者，常规宽度为 1219mm，板厚在 2.5mm 及以上者常规宽度为 1500mm。

6.6 水泵的选型计算

水泵是给水系统中的主要升压设备。在建筑内部的给水系统中，一般采用离心式水泵，它具有结构简单、体积小、效率高、流量和扬程在一定范围内可以调节等优点。

在太阳能热水系统中，选择水泵时应遵循以下原则：

（1）在太阳能热水系统中，在满足流程要求的条件下，应选择功率较小的泵。

（2）在强迫循环系统中，水温大于等于 50℃时宜选用耐热泵。

（3）泵与传热工质应有很好的相容性。水泵的流量、扬程应根据给水系统所需的流量、压力确定。由流量、扬程查水泵性能表即可确定其型号。

6.6.1 集热循环流量的计算

对于太阳能热水系统，集热循环管路为闭合回路，则管道计算流量为循环流量，按式（6-13）计算：

$$q = A \cdot Q_s \tag{6-13}$$

式中，q 为循环流量，L/h；A 为太阳能集热器的总集热面积，m^2；Q_s 为集热循环流量，由于太阳辐照量的不确定性，太阳能热水系统的集热循环流量无法准确计算，一般采用每平方米集热器的流量为 0.01~0.02L/s，即 36~72L/(h · m^2)。

6.6.2 集热循环主管道管径确定

$$d_j = \sqrt{4q/\pi v} \tag{6-14}$$

式中，q 为设计流量，一般取 0.01~0.02L/(s · m^2)，即 0.6~1.2L/(min · m^2)；d_j 为管道计算内径，m；v 为流速，m/s（一般取 0.8~2.0m/s）。

上式中流速的确定，根据我国《建筑给水排水设计规范》中规定，通过技术经济分析，并考虑室内环境产生噪声允许范围来选用；集热系统的流速可以按表 6-11 选取并计算。

表 6-11 集热系统的流速

公称直径/mm	15~20	25~40	≥50
水流速度/m · s^{-1}	≤0.8	≤1.0	≤1.2

假设，设计流量为100L/min（即0.00167m³/s），流速取1m/s，经计算得管道计算内径为0.046m，即可选用DN50的管道。

6.6.3 太阳能集热循环系统泵的选型依据

6.6.3.1 管网的沿程水头损失

$$\sum h_f = i_1 l_1 + i_2 l_2 + i_3 l_3 + \cdots + i_n l_n \tag{6-15}$$

式中，$\sum h_f$ 为系统沿程损失合计，kPa；l_1、l_2、…、l_n 为各计算管段的管道长度，m；i_1、i_2、…、i_n 为各计算管段单位长度沿程水头损失，kPa/m。

（1）单位长度水头损失：

$$i = 105C^{-1.85} d_j^{-4.87} q_g^{1.85} \tag{6-16}$$

式中，i 为各计算管段单位长度沿程水头损失，kPa/m；C 为海澄-维廉系数，各种塑料管、内衬（涂塑）管的 $C=140$，铜管、不锈钢管的 $C=130$，衬水泥、树脂的铸铁管的 $C=130$，普通钢管、铸铁管的 $C=100$；q_g 为设计秒流量，m³/s；d_j 为管道计算内径，m。

（2）局部水头损失：

$$H_m = \frac{\xi v^2}{2g} \tag{6-17}$$

式中，H_m 为局部水头损失，m；ξ 为局部阻力系数；v 为管道中流速，m/s；g 为重力加速度，m/s²。

由于在太阳能热水系统中，弯头、三通、球阀等配件数量很多，对局部水头损失不逐个计算，而是按照系统沿程损失的30%近似计算。

6.6.3.2 强制循环泵的扬程

（1）水箱与集热器不在同一楼面上时：

$$H = 1.05 \times 1.3 \sum h_f \tag{6-18}$$

式中，H 为水泵的扬程，m；$\sum h_f$ 为系统沿程损失合计，m。

（2）水箱最高水位低于集热器阵列末端上循环出口高度时：

$$H = 1.05 \times (1.3 \sum h_f + \Delta H) \tag{6-19}$$

式中，ΔH 为水箱最高水位与集热器阵列末端上循环出口落差，m（承压系统取值为0）。

（3）系统最不利点水力计算：

$$H \geqslant \Delta H - 1.3 \sum h_f \tag{6-20}$$

式中，H 为最不利点水头要求，m；ΔH 为水箱最低点水位与最不利点高度差，m；$1.3\sum h_f$ 为水箱至最不利点水头损失合计，m。

当系统水箱高度不能满足最不利点供水水头要求时，加设加压水泵。

6.6.3.3 加压水泵的扬程

$$H_B = H + 1.3 \sum h_f - \Delta H \tag{6-21}$$

式中，H_B 为加压水泵扬程，m；H 为最不利点水头要求，m；ΔH 为水箱最低点水位与最不利点高度差，m；$1.3\sum h_f$ 为水箱至最不利点水头损失合计，m。

6.7 管网设计计算

6.7.1 热水供应系统管路流量设计

热水供应系统的管路流量按照给水系统的设计秒流量计算。

6.7.1.1 住宅建筑热水供应系统的设计秒流量

（1）根据住宅配置的卫生器具给水当量、使用人数、用水定额、使用时数及小时变化系数，按式（6-22）计算出最大用水时卫生器具给水当量平均出流概率：

$$U_0=\frac{q_0 m K_h}{0.2\times N_g T\times 3600} \tag{6-22}$$

式中，U_0 为热水供应管道的最大用水时卫生器具给水当量平均出流概率，%；q_0 为最高日用水定额；m 为每户用水人数；K_h 为小时变化系数，热水按表 6-3～表 6-5 取用，冷水按表 6-12 取用；N_g 为每户设置的卫生器具给水当量数；T 为用水时数，h；0.2 为一个卫生器具给水当量的额定流量，L/s。

表 6-12 住宅最高日生活用水定额及小时变化系数

住宅类别		卫生器具设备标准	用水定额 /L·(人·d)$^{-1}$	小时变化系数 K_h
普通住宅	Ⅰ	有大便器、洗涤盆	85～150	3.0～2.5
	Ⅱ	有大便器、洗脸盆、洗涤盆、洗衣盆、热水器和淋浴设备	130～300	2.8～2.3
	Ⅲ	有大便器、洗脸盆、洗涤盆、洗衣机、集中热水供应（或家用热水机组）和淋浴设备	180～320	2.5～2.0
别墅		有大便器、洗脸盆、洗涤盆、洗衣机、洒水栓、家用热水机组和淋浴设备	200～350	2.3～1.8

（2）根据计算管段上的卫生器具给水当量总数，按式（6-23）计算得出该管段的卫生器具给水当量的同时出流概率：

$$U=\frac{1+\alpha_c(N_g-1)^{0.49}}{\sqrt{N_g}} \tag{6-23}$$

式中，U 为计算管段的卫生器具给水当量同时出流概率，%；α_c 为对应于不同 U_0 的系数，根据 GB 50015—2010《建筑给水排水设计规范》查得；N_g 为计算管段的卫生器具给水当量总数。

（3）根据计算管段上的卫生器具给水当量同时出流概率，按式（6-24）计算得出管段的设计秒流量：

$$q_g=0.2UN_g \tag{6-24}$$

式中，q_g 为计算管段的设计秒流量，L/s。

注意以下问题：

1）为了计算快速、方便，在计算出 U_0 后，即可根据计算管段的 N_g 值，从 GB 50015—2010《建筑给水排水设计规范》附表 D 的计算表中直接查给水设计秒流量。该表可用内插法。

2）当计算管段的卫生器具给水当量总数超过 GB 50015—2010《建筑给水排水设计规范》附表 D 的计算表中最大值时，其流量应取最大用水平均秒流量，即 $q_g=0.2U_0N_g$。

（4）两条或两条以上给水支管的最大用水时卫生器具给水当量平均出流概率不同时，这些给水支管的给水干管段的最大时卫生器具给水当量平均出流概率按式（6-25）计算：

$$\overline{U}_0=\frac{\sum U_{0i}N_{gi}}{\sum N_{gi}} \tag{6-25}$$

式中，$\overline{U}_0$ 为给水干管的卫生器具给水当量平均出流概率；U_{0i} 为支管的最大用水时卫生器具给水当量平均出流概率；N_{gi} 为相应支管的卫生器具给水当量总数。

6.7.1.2 集体宿舍等建筑热水供应系统的设计秒流量

集体宿舍、旅馆、宾馆、医院、疗养院、幼儿园、养老院、办公楼、商场、客运站、会展中心、中小学教学楼、公共厕所等建筑热水供应系统的设计秒流量应按式（6-26）计算：

$$q_g=0.2\alpha\sqrt{N_g} \tag{6-26}$$

式中，q_g 为计算管段的给水设计秒流量，L/s；N_g 为计算管段的卫生器具给水当量总数；α 为根据建筑物用途而定的系数，应按表 6-13 采用。

表 6-13 根据建筑物用途而定的系数值（α 值）

建筑物名称	α 值	建筑物名称	α 值
幼儿园、托儿所、养老院	1.2	医院、疗养院、休养所	2
门诊部、诊疗所	1.4	集体宿舍、旅馆、招待所、宾馆	2.5
办公楼、商场	1.5	客运站、会展中心、公共厕所	3
学校	1.8		

注意：

（1）如计算值小于该管段上的一个最大卫生器具给水额定流量时，应采用一个最大的卫生器具给水额定流量作为设计秒流量。

（2）如计算值大于该管段上按卫生器具给水额定流量累加所得流量值时，应按卫生器具给水额定流量累加所得流量值确定。

（3）有大便器延时自闭冲洗阀的给水管段，大便器延时自闭冲洗阀的给水当量，均以 0.5 计，计算得到的 q_g 附加 1.10L/s 的流量后，为该管段的给水设计秒流量。

（4）综合楼建筑的 α 值应按加权平均法计算。

6.7.1.3 工业企业的生活间等建筑热水供应系统的设计秒流量

工业企业的生活间、公共浴室、职工食堂或营业餐厅的厨房、体育场馆运动员休息室、剧院的化妆间、普通理化实验室等建筑热水供应系统的设计秒流量应按下式计算：

$$q_g=\sum q_0N_0b \tag{6-27}$$

式中，q_g 为计算管段的给水设计秒流量，L/s；q_0 为同类型的一个卫生器具给水额定流量，L/s；N_0 为同类型的卫生器具个数；b 为卫生器具的同时给水分数，应按表 6-14～表 6-16 采用。

表 6-14 工业企业生活间、公共浴室、剧院化妆间、体育馆运动员休息室等卫生器具同时给水分数

卫生器具名称	同时给水分数/%			
	工业企业生活间	公共浴室	剧院化妆室	体育场馆运动员休息室
洗涤盆（池）	33	15	15	15
洗手盆	50	50	50	50
洗脸盆、盥洗槽水嘴	60~100	60~100	50	80
浴盆	—	50	—	—
无间隔淋浴器	100	100	—	100
有间隔淋浴器	80	60~80	60~80	60~100
大便器冲洗水箱	30	20	20	20
大便器自闭式冲洗阀	2	2	2	2
小便器自闭式冲洗阀	10	10	10	10
小便器（槽）自动冲洗水箱	100	100	100	100
净身盆	33	—	—	—
饮水器	30~60	30	30	30
小卖部洗涤盆	—	50	—	50

注：健身中心的卫生间，可采用本表体育场馆运动员休息室的同时给水分数。

表 6-15 职工食堂、营业餐厅厨房设备同时给水分数

厨房设备名称	同时给水分数/%	厨房设备名称	同时给水分数/%
污水盆（池）	50	器皿洗涤机	90
洗涤盆（池）	70	开水器	50
煮锅	60	蒸汽发生器	100
生产性洗涤机	40	灶台水嘴	30

注：职工或学生饭堂的洗碗台水嘴，按比例 100%同时给水，但不与厨房用水叠加。

表 6-16 实验室化验水嘴同时给水分数

化验水嘴名称	同时给水分数/%	
	科学研究实验室	生产实验室
单联化验水嘴	20	30
双联或三联化验水嘴	30	50

注意：

（1）如计算值小于该管段上一个最大卫生器具给水额定流量时，应采用一个最大的卫生器具给水额定流量作为设计秒流量。

（2）大便器自闭式冲洗阀应单列计算，当单列计算值小于 1.2L/s 时，以 1.2L/s 计；大于 1.2L/s 时，以计算值计。

6.7.1.4 热水系统的热水循环流量计算

全天供应热水系统的循环流量，按式（6-28）计算：

$$q_x = \frac{Q_s}{1.163\Delta t\rho} \tag{6-28}$$

式中，q_x 为循环流量，L/h；Q_s 为配水管道系统的热损失，W，应经计算确定，初步设计时，可按设计小时耗热量的3%～5%采用；Δt 为配水管道的热水温度差,℃，根据系统大小确定，一般可采用5～10℃；ρ 为热水水密度，kg/L。

定时供应热水的系统，应按管网中的热水容量每小时循环2～4次计算循环流量。

6.7.2 管网的水力计算

6.7.2.1 管网热水流速

热水管道内的流速，宜按表6-17选用。

表6-17 热水管道内的流速

公称直径/mm	15～20	25～40	≥50
流速/m·s^{-1}	≤0.8	≤1.0	≤1.2

6.7.2.2 热水管道阻力

热水管道的沿程水头损失可按式（6-29）计算，管道的计算内径应考虑结垢和腐蚀引起过水断面缩小的因素。

$$i = 105C_h^{-1.85}d_i^{-4.87}q_g^{1.85} \tag{6-29}$$

式中，i 为管道单位长度水头损失，kPa/m；d_i 为管道计算内径，m；q_g 为热水设计流量，m^3/s；C_h 为海澄-威廉系数，各种塑料管、内衬（涂）塑料的 $C_h=140$，铜管、不锈钢管的 $C_h=130$，衬水泥、树脂的铸铁管的 $C_h=130$，普通钢管、铸铁管的 $C_h=100$。

（1）热水管道的配水管的局部水头损失，宜按管道的连接方式，采用管（配）件当量长度法计算。当管道的管（配）件当量长度资料不足时，可按下列管件的连接状况，按管网的沿程水头损失的百分数取值。

1）管（配）件内径一致，采用三通分水时，取25%～30%；采用分水器时，取15%～20%。

2）管（配）件内径略大于管道内径，采用三通分水时，取50%～60%；采用分水器分水时，取30%～35%。

3）管（配）件内径略小于管道内径，采用三通分水时，取70%～80%；采用分水器分水时，取35%～40%。

注意：螺纹接口的阀门及管件的摩阻损失当量长度可参照GB 50015—2010《建筑给水排水设计规范》附表B选用。

（2）热水管道上附件的局部阻力可参照以下计算：

1）管道过滤器的局部水头损失，宜取0.01MPa。

2）管道倒流防止器的局部水头损失，宜取0.025～0.04MPa。

3）水表的水头损失，应选用产品所给定的压力损失计算。在未确定具体产品时，可按下列情况取用：住宅的入户管上的水表，宜取0.01MPa；建筑物或小区引入管上的水表，宜取0.03MPa。

4）比例式减压阀的水头损失，阀后动水压宜按阀后静水压的80%~90%确定。

6.7.2.3 热水供应系统的回水管管径计算

热水供应系统的回水管管径应通过计算确定，初步设计时，可参照表6-18确定。

表6-18 热水回水管管径

热水供水管管径/mm	20~25	32	40	50	65	80	100	125	150	200
热水回水管管径/mm	20	20	25	32	40	40	50	65	80	100

为了保证各立管的循环效果，尽量减少干管的水头损失，热水供水干管和回水干管均不宜变径，可按其相应的最大管径确定。

6.7.3 管道的设计选择

6.7.3.1 常用管道

(1) 不锈钢管：使用寿命长，对水质无污染，安装维修方便。

(2) 铜管：使用寿命长，对水质无污染，水管采用卡接头连接安装、维修方便，大管采用钎焊焊接，安装较麻烦，但不容易出现漏水现象。

(3) 镀锌钢管：属淘汰型产品，用于热水时容易生锈、结水垢，使用寿命在5年左右，安装维修方便。

(4) PP-R管：使用寿命长，对水质无污染，安装方便，不容易漏水，使用温度不超过90℃，露天使用易老化。

(5) UPVC管：使用寿命长，安装方便，只能用于冷水管道，管道连接用胶老化后容易出现漏水现象，露天使用易老化。

6.7.3.2 常用管道造价

以厚壁不锈钢管价格系数为1作基准，则薄壁不锈钢管为1，紫铜管为0.8，UPVC管为0.6，铝塑复合管和PP-R管为0.45，热镀锌管为0.25。

6.7.3.3 管道的选择

(1) 太阳能及热水锅炉循环管选用的管道有不锈钢管、紫铜管和热镀锌管。

(2) 供热水管选用的管道有不锈钢管、紫铜管、热镀锌管和PP-R管。

(3) 冷水管选用的管道有不锈钢管、紫铜管、热镀锌管、PP-R管、UPVC管和铝塑复合管。

6.7.3.4 管道的安装方式

(1) 不锈钢管分两种：一种是厚壁套丝连接，另一种是薄壁型的，壁厚为1mm左右，采用卡接头连接。

(2) 紫铜管：ϕ25mm以下采用卡接头连接，ϕ28mm以上采用钎焊焊接方式连接。

(3) 热镀锌管：采用套丝连接。

(4) PP-R管：采用专用电加热器进行热熔连接。

(5) UPVC管：采用专用胶黏接。

(6) 铝塑复合管：采用卡接头连接。

6.7.4 管路、水箱热损失计算

6.7.4.1 太阳能集热系统管路、水箱热损失率计算方法

(1) 管路、水箱热损失率 η_L 可按经验取值估算，η_L 的推荐取值范围为：短期蓄热太阳能供热采暖系统 10%~20%；季节蓄热太阳能供热采暖系统 10%~15%。

(2) 需要准确计算时，可按下面给出的公式迭代计算。

(3) 太阳能集热系统管路单位表面积的热损失可按式（6-30）计算：

$$q_1=\frac{t-t_a}{\frac{D_o}{2\lambda}\ln\frac{D_o}{D_i}+\frac{1}{a_0}} \tag{6-30}$$

式中，q_1 为管道单位表面积的热损失，W/m^2；D_i 为管道保温层内径，m；D_o 为管道保温层外径，m；t_a 为保温结构周围环境的空气温度，℃；t 为设备及管道外壁温度，金属管道及设备通常可取介质温度，℃；a_0 为表面放热系数，W/(m²·℃)；λ 为保温材料的导热系数，W/(m²·℃)。

(4) 储水箱单位表面积的热损失可按式（6-31）计算：

$$q=\frac{t-t_a}{\frac{\delta}{\lambda}+\frac{1}{a}} \tag{6-31}$$

式中，q 为储水箱单位表面积的热损失，W/m^2；δ 为保温层厚度，m，对于圆形水箱保温 $\delta=\frac{D_o-D_i}{2}$；λ 为保温材料导热系数，W/(m²·℃)；a 为表面放热系数，W/(m²·℃)。

(5) 管道及储水箱热损失率 η_L 可按式（6-32）计算：

$$\eta_L=(q_1A_1+qA_2)/(GA_c\eta_{cd}) \tag{6-32}$$

式中，A_1 为管路表面积，m^2；A_2 为储水箱表面积，m^2；A_c 为系统集热器总面积，m^2；G 为集热器采光面上的总太阳辐照度，W/m^2；η_{cd}为基于总面积的集热器平均集热效率，%。

6.7.4.2 水箱及管路保温的设计根据

按照 GB/T 4272—2008《设备及管道保温技术通则》，对于方形水箱保温层按平面计算，对于圆形水箱按管道计算。

保温层厚度的计算：

$$\delta=3.14\frac{d_w^{1.2}\lambda^{1.35}\tau^{1.75}}{q^{1.5}} \tag{6-33}$$

式中，δ 为保温层厚度，mm；d_w 为管道或圆柱设备的外径，公称直径为 20mm、40mm、50mm 的管道（钢）的外径分别为 33.5mm、48mm、60mm；λ 为保温层的热导率，kJ/(h·m·℃)；τ 为未保温的管道或圆柱设备外表面温度，由于钢的导热系数很大，管道壁又薄，所以可以认为管道的外表面的温度和流体的温度相等（误差不超过 0.2℃），℃；q 为保温后的允许热损失，kJ/(h·m)。

根据式（6-33）计算的保温层厚度见表 6-19。

表 6-19 保温层设计厚度 (mm)

管径	热水		开水	保温性能说明
	EPS 泡沫保温管套	岩棉	岩棉	
DN15	22	25	25	冷水管道在 12h 内降温小于 9℃ 热水管道在 12h 内降温小于 17.5℃ 开水管道在 12h 内降温小于 20℃（此性能适用于环境温度大于-10℃以上的地区）
DN20	22	25	25	
DN25	22	25	25	
DN32	25	30	30	
DN40	25	30	30	
DN50	30	35	35	
DN65	30	35	35	
DN80	35	40	40	
DN100	40	45	45	
DN125	40	45	45	

6.7.4.3 绝热层的设计

A 材料导热系数

导热系数 λ，单位 W/(m · ℃)，是表征物质导热能力的热物理参数，在数值上等于单位导热面积、单位温度梯度，在单位时间内的导热量。数值越大，导热能力越强，数值越小，绝热性能越好。该参数的大小，主要取决于传热介质的成分和结构，同时还与温度、湿度、压力、密度以及热流的方向有关。成分相同的材料，导热系数不一定相同，即便是已经成型的同一种保温材料制品，其导热系数也会因为使用的具体系统、具体环境而有所差异。

B 硬质聚氨酯泡沫塑料

硬质聚氨酯泡沫塑料是用聚醚与多异氰酸酯为主要原料，再加入阻燃剂、稳泡剂和发泡剂等，经混合搅拌、化学反应而成的一种微孔发泡体，其导热系数一般在 0.016～0.055W/(m · ℃)。使用温度-100～100℃。

按照石油部部颁标准（SY J18—1996），对于设备及管道用的硬质聚氨酯泡沫塑料的基本要求见表 6-20。

表 6-20 硬质聚氨酯泡沫塑料的基本要求

项 目	性能指标	项 目		性能指标
表观密度/kg · m^{-3}	40～60	耐热性	尺寸变化/%	<1.5
抗压强度/MPa	≥0.2		重量变化/%	<1
吸水率/g · cm^{-3}	≤0.03			
导热系数/W · (m · ℃)$^{-1}$	<0.035		导热系数变化/%	<10

C 聚苯乙烯泡沫塑料

聚苯乙烯泡沫塑料简称 EPS，是以聚苯乙烯为主要原料，经发泡剂发泡而成的一种内部有无数密封微孔的材料。可发性聚苯乙烯泡沫塑料的导热系数在 0.033～0.044W/

(m·℃),安全使用温度-150~70℃;硬质聚苯乙烯泡沫塑料的导热系数在0.035~0.052W/(m·℃)。

根据GB/T 10801—2002的规定，对绝热用聚苯乙烯泡沫塑料的技术性能要求见表6-21。

表6-21 绝热用聚苯乙烯泡沫塑料的技术性能要求

项目	性能指标		
	Ⅰ	Ⅱ	Ⅲ
表观密度/$kg \cdot m^{-3}$	≥15.0	≥20.0	≥30.0
压缩强度（10%变形下的压缩应力）/kPa	≥60	≥100	≥150
导热系数/$W \cdot (m \cdot ℃)^{-1}$	≤0.041	≤0.041	≤0.041
70℃、48h后尺寸变化率/%	≤5	≤5	≤5
吸水率/%	≤6	≤4	≤2

D 聚乙烯泡沫塑料

聚乙烯泡沫塑料的导热系数一般在0.035~0.056W/(m·℃)，根据GB 50176—1993《民用建筑热工设计规范》中的规定，聚乙烯泡沫塑料的导热系数小于0.047W/(m·℃)。

E 岩棉

岩棉是一种无机人造棉，生产岩棉的原料主要是一些成分均匀的天然的硅酸盐矿石。岩棉的化学成分为：$w(SiO_2)=40\%\sim50\%$，$w(Al_2O_3)=9\%\sim18\%$，$w(Fe_2O_3)=1\%\sim9\%$，$w(CaO)=18\%\sim28\%$，$w(MgO)=5\%\sim18\%$，其他成分的质量分数为1%~5%。不同岩棉制品的导热系数一般在0.035~0.052W/(m·℃)，最高使用温度为650℃。

根据GB/T 11835—2007《绝热用岩棉、矿渣棉及其制品》的规定，散棉的导热系数小于等于0.044W/(m·℃)。岩棉毡、垫及管壳、筒等在常温下的导热系数一般在0.047~0.052W/(m·℃)。

6.8 膨胀罐选型计算

膨胀罐在系统中起到缓冲压力波动及部分给水的作用，在热力系统中主要是用来吸收工作介质因温度变化增加的那部分体积；在供水系统中主要用来吸收系统因阀门、水泵等开和关所引起的水锤冲击，以及夜间少量补水使供水系统主泵休眠从而减少用电，延长水泵使用寿命。

6.8.1 膨胀罐总容积计算

根据GB 50015—2010《建筑给水排水设计规范》，日用热水量大于30m³的热水供应系统应设置压力式膨胀罐，膨胀罐的总容积应按式（6-34）计算。

$$V=\frac{(\rho_1-\rho_2)p_2}{(p_2-p_1)\rho_2}V_C \tag{6-34}$$

式中，V为膨胀水箱总容积，L；ρ_1为加热前储热设备内水的密度，kg/m^3；ρ_2为加热后热水的密度，kg/m^3；p_1为膨胀水罐处的管内水压力（绝对压力），MPa，为管内工作压力+0.1MPa；p_2 为膨胀水罐处管内最大允许压力（绝对压力），MPa，其数值可取 $1.05p_1$；V_C 为系统内热水总容积，L，当管网系统不大时，V_C 可按水加热设备的容积计算。

ρ_1 相应的水温可按下述情况设计计算：加热设备为多台的全日制热水供应系统，可按最低热水回水温度计算，其值一般可取40~50℃；加热设备为单台，且为定时供应热水的系统，可按进入加热设备的冷水温度计算。

表6-22为 $V_C=1000L$ 时，不同压力变化条件下的 V 值，可供设计计算参考。

表6-22 不同压力变化的 V 值

$\frac{p_2}{p_2-p_1}$	10	12	14	16	18	20	22	24	26	28	30
V_1/L	71	85	100	114	128	142	157	171	185	199	241
V_2/L	168	201	235	265	302	335	369	402	436	470	503

注：V_1 为按水加热设备加热前、后的水温45℃、60℃计算的总容积 V 值；V_2 为按水加热设备加热前、后的水温10℃、600℃计算的总容积 V 值。

6.8.2 膨胀罐的选型

热力系统（锅炉、空调、热泵、热水器等）中，膨胀罐的选型计算公式如下：

$$V=\frac{eC}{1-\frac{p_i}{p_f}} \tag{6-35}$$

式中，V 为膨胀罐选型体积，L；e 为水的热膨胀系数，即系统冷却时水温和锅炉运行时的最高水温的水膨胀率之差，一般取值在0.02~0.03；C 为系统中水总容量（包括锅炉、管道、散热器等），L；p_i 为膨胀罐的预充压力（绝对压力），为膨胀罐安装位置的系统静压+大气压（0.1MPa），MPa；p_f 为系统运行的最高压力（绝对压力），为系统运行时最大压力（即安全阀设定压力）+大气压（0.1MPa），MPa。

6.9 辅助能源计算

（1）容积式水加热器或储热容积与其相当的水加热器、热水机组的设计小时供热量按式（6-36）计算：

$$Q_g=Q_h-1.163\frac{\eta V_r}{T}(t_r-t_l)\rho_r \tag{6-36}$$

式中，Q_g 为容积式水加热器的设计小时供热量，W；Q_h 为热水系统设计小时耗热量，W；η 为有效储热容积系数，容积式水加热器 $\eta=0.75$，导流型容积式水加热器 $\eta=0.85$；V_r 为总储热容积，L，单水箱系统时取水箱容积的40%，双水箱系统取供热水箱容积；T 为辅助加热量持续时间，h，$T=2$~4h；t_r 为热水温度，℃，按设计水加热器出水温度或储水温度计算；t_l 为冷水温度，℃；ρ_r 为热水密度，kg/L。

（2）半容积式水加热器或储热容积与其相当的水加热器、热水机组的供热量按设计小时耗热量计算。

（3）半即热式、快速式水加热器及其他无储热容积的水加热设备的供热量按设计秒流量计算。

（4）容积式和半容积式水加热器使用的热媒主要为蒸汽或热水。以蒸汽为热媒的水加热器设备，蒸汽耗量按式（6-37）计算：

$$G=3.6k\frac{Q_g}{i''-i'} \tag{6-37}$$

$$i'=4.187t_{mz} \tag{6-38}$$

式中，G 为蒸汽耗量，kg/h；Q_g 为水加热器设计供热量，W；k 为热媒管道热损失附加系数，$k=1.05\sim1.10$；i''为饱和蒸汽的热焓，kJ/kg，见表6-23；i'为凝结水的焓，kJ/kg；t_{mz} 为热媒终温，应由经过热力性能测定的产品样本提供。

表 6-23 饱和蒸汽的热焓

蒸汽压力/MPa	0.1	0.2	0.3	0.4	0.5	0.6
温度/℃	120.2	133.5	143.6	151.9	158.8	165.0
焓/$kJ\cdot kg^{-1}$	2706.9	2725.5	2738.5	2748.5	2756.4	2762.9

（5）以热水为热媒的水加热器设备，热媒耗量按式（6-39）计算：

$$G=\frac{kQ_g\rho}{1.163(t_{mc}-t_{mz})} \tag{6-39}$$

式中，G 为蒸汽耗量，kg/h；Q_g 为水加热器设计供热量，W；k 为热媒管道热损失附加系数，$k=1.05\sim1.10$；t_{mc}、t_{mz}为热媒的初温与终温，℃，由经过热力性能测定的产品样本提供；1.163 为单位换算系数；ρ 为热水密度，kg/L。

（6）油、燃气耗量按式（6-40）计算：

$$G=3.6k\frac{Q_h}{Q\eta} \tag{6-40}$$

式中，G 为热媒耗量，kg/h 或 $N\cdot m^3/h$；k 为热媒管道损失附加系数，$k=1.05\sim1.10$；Q_h 为设计小时耗热量，W；Q 为热源发热量，kJ/kg 或 kJ/Nm^3；η 为水加热设备的热效率。

不同种类的热源发热量及加热装置的效率见表6-24。

表 6-24 热源发热量及加热装置效率

热源种类	消耗量单位	热源发热量	加热设备热效率 η/%
轻柴油	kg/h	41800~44000kJ/kg	约 85
重 油	kg/h	38520~46050kJ/kg	
天然气	m^3/h	34400~35600kJ/m^3（标态）	65~75（85）
城市煤气	m^3/h	34400~35600kJ/m^3（标态）	65~75（85）
液化石油气	m^3/h	34400~35600kJ/m^3（标态）	65~75（85）

注：η 为热水机组的设备热效率，η 栏中括号内为热水机组的 η，括号外为局部加热的 η。

复习思考题

6-1 简述太阳能热水系统的类型。

6-2 简述太阳能热水系统的设计过程。

6-3 如何选择太阳能热水系统中的集热器？

6-4 太阳能热水系统的运行方式有哪些？如何选择？

7 工 程 案 例

7.1 真空管太阳能热水工程案例

本项目名称：山东省淄博市某酒店 15t/d 太阳能热水工程。

7.1.1 项目概况

（1）场地情况。酒店要求用水量 15t，房间共计 100 个，太阳能热水主要用于洗涮。集热器放置于楼顶，水箱和控制系统放置于工程方指定位置。

（2）用水情况。工程方要求日均用水量为 15t，用水温度 45℃，用水洗浴方式为手控式淋浴，热水用水方式为全天用水，管道循环不增压。

（3）其他情况。辅助能源，拟采用电加热方式。

7.1.2 方案设计依据及标准

7.1.2.1 方案设计标准

（1）GB/T 18713—2002《太阳能热水系统设计、安装及工程验收技术规范》。

（2）GB 50015—2010《建筑给水排水设计规范》。

（3）GB/T 17581—2007《真空管太阳集热器》。

（4）GB 50207—2012《屋面工程质量验收规范》。

（5）GB 50009—2012《建筑结构载荷规范》。

（6）GB 50205—2001《钢结构工程施工质量验收规范》。

（7）GB 50242—2002《建筑给水排水及采暖工程施工质量验收规范》。

（8）GB 50364—2005《民用建筑太阳能热水系统应用技术规范》。

（9）GB 50345—2012《屋面工程技术规范》。

（10）GB 50303—2015《建筑电气安装工程施工质量验收规范》。

（11）GB 50300—2013《建筑工程施工质量验收统一标准》。

（12）GB/T 17049—2005《全玻璃真空太阳集热管》。

（13）GB/T 4272—2008《设备及管道保温技术通则》。

（14）GB/T 8175—2008《设备及管道绝热设计导则》。

（15）GB/T 12936—2007《太阳能热利用术语》。

（16）GB/T 20095—2006《太阳热水系统性能评定规范》。

（17）GB 50017—2003《钢结构设计规范》。

7.1.2.2 当地气象资料

（1）经纬度：北纬 36°05′，东经 118°00′。

（2）基础水温：15℃。

冷水采用自来水，自来水为地表水，水温与大气温度变化基本一致，因此采用平均气温进行设计计算基础水温。采暖季按照 GB 50015—2010 的冷水温度确定。具体水温见表 7-1。

表 7-1 基础水温

月份	1月	2月	3月	4月	5月	6月	7月	8月	9月	10月	11月	12月	年平均
基础水温/℃	4	4	7.6	15.2	21.8	26.3	27.4	26.2	21.7	15.8	7.9	4	15

（3）太阳辐照量：依据国家建筑标准设计图集 06SS128《太阳能集中热水系统选用与安装》中附录一“主要城市各月设计用气象参数”中选用，因为淄博市没有气象观测站，所以选择相近的济南观测站作为参考，如果因此和当地的实际情况出入较大而造成产水量不足或者水量不够，不能够作为“设计问题”的依据。借鉴济南多年的辐照参数如下：

1）年平均气温：14.23℃。

2）全年日照时数：2597.3h。

3）全年辐照量：5755.62MJ/(m^2·a)。

4）年日均辐照量：15.77MJ/(m^2·d)。

7.1.2.3 太阳热水系统水质要求

由于各地的水质情况不同，对于水质较差的地区，使用太阳热水系统，将严重影响使用效果，因此，要求客户在使用太阳热水系统时，其给水水质必须达到表 7-2 所示指标（参考《生活饮用水卫生水标准》），方可保证使用效果。

表 7-2 水质指标

项　目	指　标	项　目	指　标
总硬度/mg·L^{-1}	≤75	溶解氧/mg·L^{-1}	≤10
悬浮物/mg·L^{-1}	≤5	含油量/mg·L^{-1}	≤5
pH 值（25℃）	≥7	含铁量/mg·L^{-1}	≤0.3

若用户的水质达不到上述的要求时，应采取适当的措施，使水质满足要求。

根据当地实际情况，水的硬度在 30~700mg/L 之间，所以我们采用强磁水处理器以达到太阳能系统要求的水质。

7.1.3 设计指标

（1）热水用水量：根据贵方要求设计总用水量 15t。

（2）日均用水水温：设计水箱终止水温为 45℃。

（3）集热系统防垢：为防止集热系统中结垢，采用强磁水处理器。

（4）集热器型号选取：采用 JPH-100TX18-33°型集热器，单台集热器的集热面积为 15.2m^2。

（5）太阳能保证率和日均产热量分别如图 7-1 和图 7-2 所示。

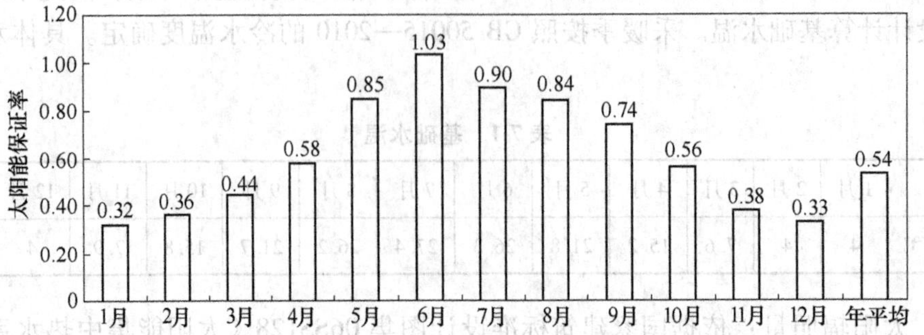

图 7-1 太阳能保证率

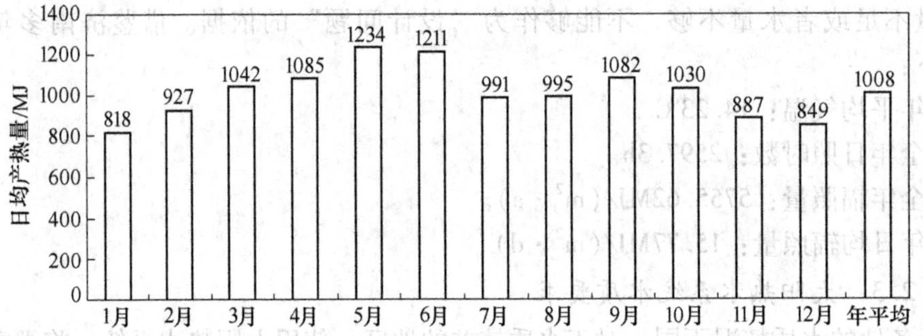

图 7-2 日均产热量

7.1.4 运行原理及说明

7.1.4.1 技术方案先进性

针对宾馆工程实际用水特点，需要更可靠、更安全、操作简单的热水，在设计太阳能系统时需要做相应的保障措施，主要措施如下：

（1）系统防垢。当水温超过60℃后，水中的钙、镁离子会受热析出，在设备管道内结垢，从而影响系统的集热效果，设计中采用强磁水处理器，实践证明强磁水处理器具有良好的防垢、溶垢、杀菌、灭藻、防腐蚀、防锈水的作用。

（2）集热器防风。集热器支架采用国标型钢进行焊接，并做好防腐处理，能够抵御10级风的荷载，系统安装完成后，钢结构基础与建筑主体连接，保证系统牢靠、固定。

（3）防炸管措施：排气阀、安全阀。太阳能系统在持续的高温运行工况下，管路内会产生气体，可通过排气阀排出；在极端恶劣工况下，安全阀自动打开，以保证系统的安全，不产生炸管情况。

（4）管道循环，一打开水龙头出的就是热水。

7.1.4.2 运行原理

根据用户要求，结合实际用水情况，确定采用某公司 JPH-100TX18-33°型三高集热站、CMS 智控系统（包括传感器）、组合保温水箱等主要设备，来完成贵方需求的各项功能。系统原理如图 7-3 所示。

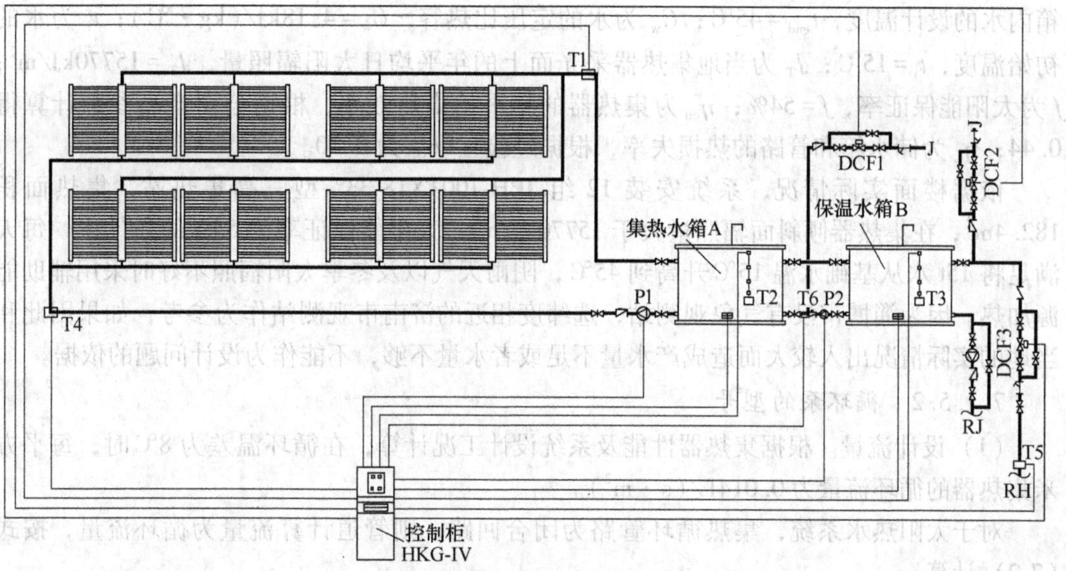

图 7-3 系统原理示意图

太阳能热水系统运行说明如下：

（1）自动补水。

1）定水位补水：当水箱水位 L 低于 3 水位且水箱 A 水温 T_2<60℃，启动 DCF1 补水至水箱水温 T_2≥45℃（00~99 可调）+5℃或水箱水位 L 达到 4 水位，停止补水。

2）低水位补水：当水箱水位 L 低于 2 水位，启动 DCF1 强制补水，当水箱水位 L 达到或高于 3 水位时停止补水。

（2）温差循环。当水箱水位 L 达到或高于 1 水位时，若温差 T_1-T_2≥10℃（00~99 可调），P1 启动；T_1-T_2≤2℃（00~99 可调），P1 关闭。在温差循环启动后，当 T_1-T_2<10℃（00~99 可调）时，计时 10min（00~99 可调）后强行停止循环。

（3）防炸管循环。当水箱水位 L 达到或高于 1 水位时，若集热器温度 T_1 大于 95℃，循环泵 P1 每循环 10min（00~99 可调），停 20min（00~99 可调），周而复始循环。

（4）即开即热。如果管道温度 T_5 小于设定温度，循环泵 P2 启动进行管道循环，当 T_5 达到设定温度时，循环泵 P2 停止运行。

（5）防冻循环。冬季当 T_4≤5℃时，P1 开启进行循环，将水箱内的水打进集热器；当 T_4 升高至 10℃时，系统控制关闭循环泵，以防止循环管路冻堵。

（6）高温断续循环。当集热器温度高于 95℃时，且仅高于水箱温度为 2~10℃时，集热循环泵 P1 每循环 10min，停 20min。

7.1.5 校核计算及说明

7.1.5.1 三高集热站直接集热面积

$$A_c = \frac{Q_w C_w (t_{end} - t_i) f}{J_T \eta_{cd} (1 - \eta_L)} \tag{7-1}$$

式中，A_c 为直接系统集热器集热面积，m^2；Q_w 为日均用水量，Q_w = 15000kg；t_{end} 为储水

箱内水的设计温度，$t_{end}=45℃$；C_w 为水的定压比热容，$C_w=4.18kJ/(kg·℃)$；t_i 为水的初始温度，$t_i=15℃$；J_T 为当地集热器采光面上的年平均日太阳辐照量，$J_T=15770kJ/m^2$；f 为太阳能保证率，$f=54\%$；η_{cd} 为集热器的年平均集热效率，根据公司产品参数计算得 0.44；η_L 为储水箱和管路的热损失率，根据经验宜取值为 0.20。

依据楼面实际情况，系统安装 12 组 JPH-100TX18-33° 型三高集热站，集热面积 182.4m²，在集热器倾斜面辐照量大于 15770kJ/m²、太阳能保证率为 54%的条件下，每天满足将 15t 水从基础水温 15℃升高到 45℃，阴雨天气以及冬季太阳辐照不好时采用辅助能源加热。因为淄博市没有气象观测站，选纬度相近的济南市观测站作为参考，如果因此和当地的实际情况出入较大而造成产水量不足或者水量不够，不能作为设计问题的依据。

7.1.5.2 循环泵的型号

（1）设计流量。根据集热器性能及系统设计工况计算，在循环温差为 8℃时，每平方米集热器的循环流量为 $0.014L/(s·m^2)$。

对于太阳热水系统，集热循环管路为闭合回路，则管道计算流量为循环流量，按式（7-2）计算：

$$q=AQ \tag{7-2}$$

式中，A 为集热面积，m^2；Q 为流经集热器单位面积的流量，$L/(h·m^2)$。

计算得 $q=153.21L/min$。

（2）集热循环主管径计算。

$$d=\sqrt{\frac{4Q}{\pi V}} \tag{7-3}$$

式中，Q 为流过主管道的设计秒流量，m^3/s；V 为水流速，m/s。

式（7-3）中流速的确定，根据 GB 50015—2010《建筑给水排水设计规范》中规定，通过技术经济分析，并考虑室内环境产生噪声允许范围来选用，见表 7-3。

表 7-3 热水管道的速度

公称直径/mm	15~20	25~40	≥50
水流速度/$m·s^{-1}$	≤0.8	≤1.0	≤1.2

经计算，主管径为 DN50。

7.1.5.3 补水电磁阀的确定

$$d=\sqrt{\frac{4Q}{\pi V}} \tag{7-4}$$

式中，Q 为设计流量，m^3/s；V 为流速，$V=1.5m/s$。

经计算，取电磁阀的口径为 DN40。

7.1.6 主要设备选型

7.1.6.1 太阳能集热器

集热器真空管选用三高真空管——耐高温、抗高寒、高效吸收。三高集热站技术参数与真空管技术参数分别见表 7-4 和表 7-5。

表 7-4 所选用型号的三高集热站技术参数

产品型号	真空管长度/m	支数	角度/(°)	集热面积/m²	内胆材料	外壳材料	保温材料	支架材料	外形尺寸/mm		
									东西	南北	高
JPH-100TX18-33°	1.8	100	33	15.2	SUS304	镀锌板	聚氨酯	角钢热镀锌	3680	4307	2949

表 7-5 真空管技术参数

类型结构	干涉膜			渐变膜
	高温特效管	高寒管	高效管	普通管
黏结层	铝氮化合物	铝氮化合物	无	无
底层	铜（低发射）	铜（低发射）	铝	铝
吸收层	不锈钢和铝氮化合物	铝和铝氮化合物	铝和铝氮化合物	纯净铝氮化合物
减反层	纯净铝氮化合物	纯净铝氮化合物	纯净铝氮化合物	无
工艺	三靶	双靶	单靶	单靶
吸收比	$0.93 \leqslant \alpha \leqslant 0.96$（国家标准：$\alpha \geqslant 0.86$）			$0.86 \leqslant \alpha \leqslant 0.90$
发射比	$0.04 \leqslant \varepsilon \leqslant 0.07$（国家标准：$\varepsilon \leqslant 0.09$）			$0.07 \leqslant \varepsilon \leqslant 0.09$
空晒/$m^2 \cdot ℃ \cdot kW^{-1}$	250~270（国家标准：$Y \geqslant 190$）			220~260
闷晒/$MJ \cdot m^{-2}$	4.0~4.2（国家标准：$H \leqslant 4.7$）			4.2~4.6
热损/$W \cdot (m^2 \cdot ℃)^{-1}$	0.50~0.60（国家标准：$U_{LT} \leqslant 0.85$）			0.65~0.75

7.1.6.2 水箱

水箱参数见表 7-6。

表 7-6 水箱参数

容量/t	内胆材质	长×宽×高/mm×mm×mm	外壳材料	保温层厚度/mm	电加热功率/kW
8	Q235A 碳钢	2000×2000×2000	镀锌板	80	45

水箱的主要特点如下：

(1) 易组装。采用各种规格的标准板，施工现场无特殊要求，可任意组合，容量从 $0.5m^3$ 到几十立方米，尤其适用于改造工程。

(2) 耐腐蚀。水箱内胆采用优质 Q235 碳钢板，冲压成型后进行热镀锌（HSSX 水箱内胆采用不锈钢 SUS304 冲压成型），防腐效果好，经久耐用。连接模块之间夹有硅橡胶条并通过螺栓紧固进行密封，密封效果好，焊缝小，减少了腐蚀点，故其防腐性大大提高。

(3) 强度好。采用标准板模压板块拼装而成，外形是矩形，为防止静水压力使水箱变形，在水箱内部前后和左右方向都设有拉筋，上下方向设有支撑，可有效增加强度和刚度。

(4) 保温好。保温材料为 80mm 厚聚氨酯保温块，密度达 $35 \sim 40kg/m^3$，与内胆结合紧密，外衬 0.8mm 厚镀锌板喷塑，保温效果更好，长期使用其性能不会发生变化。

7.1.6.3 水泵

选用德国威乐公司生产的水泵系列，实现了低噪声、高性能的要求。其参数见表 7-7。

表 7-7 水泵参数

型号	台数	电源	输出功率/W	扬程/m	最大排水量/$m^3 \cdot h^{-1}$	口径/mm
PH-101E	1	220V/50Hz	100	5	7.8	DN40
PH-403E	2	220V/50Hz	400	19.5	17.4	DN50

注：循环泵型号可根据实际情况进行调整。

7.1.6.4 管道、配件、保温

(1) 管件。楼顶循环管道采用国标热镀锌管，国标热镀锌管满足集热系统的耐温、防腐要求，且施工效果规整美观；配件为国标热镀锌件，采用国标热镀锌配件，可消除配件夹层气孔及砂眼现象，杜绝了本体渗漏情况发生。

(2) 防冻带。在室外管道上面缠缚电热带。自限式电加热带（简称电热带）是一种很复杂的高分子聚合物，它是由多种材料和导电介质，经过各种特定的化学变化和物理处理之后制成的半导体线芯。由两条导线组成一条保持连续平行的加热电路。在加热过程中，这种高分子材料的内部半导体通道的数量（即电阻）发生了惊人的正温度系数的变化（PTC 效应）。

(3) 聚乙烯保温层。用于室外管路的保温。聚乙烯成本低，保温效果好，普遍用于集热系统的保温。

7.2 平板型太阳能热水工程案例

平板太阳能光热项目主要有太阳能热水系统、太阳能采暖系统、太阳能热水和采暖组合系统、游泳池加热系统和工业中低温热水供应系统等。

7.2.1 太阳能热水系统

7.2.1.1 太阳能热水系统项目

按典型供水特点，太阳能热水系统项目分为定时段供应热水的系统、多时段供应热水的系统和全天候供应热水的系统。

A 定时段供应热水的系统

(1) 用水场所：工厂、学校等类似集体宿舍。

(2) 供水特点：每天在规定时段供应热水的系统。

(3) 供水时间：每日晚间定时定量供应热水。

(4) 系统设计及运行：如图 7-4 所示，系统设计应最大限度利用太阳能减少辅助能源消耗。

B 多时段供应热水的系统

(1) 用水场所：类似倒班制的工厂集体宿舍。

(2) 供水特点：每天在规定的多个时段供应热水。

(3) 供水时间：每日分时段供应热水，如早上、中午、晚上倒班都有供热水需求。

(4) 系统设计及运行：如图 7-4 所示，系统设计应最大限度利用太阳能减少辅助能源消耗。

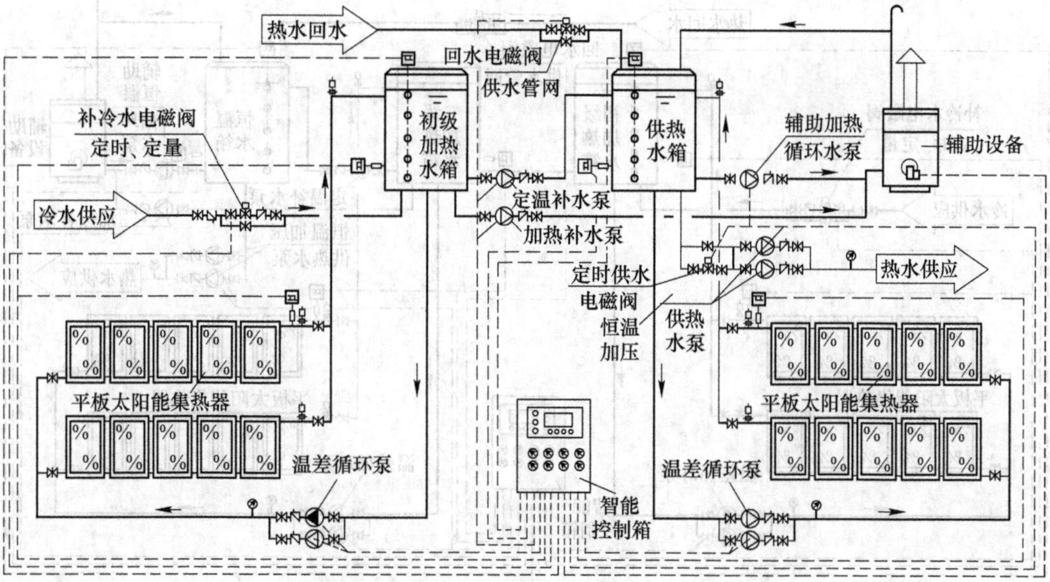

图 7-4 定时段或分时段供应热水系统原理图

C 全天候供应热水的系统

(1) 用水场所：类似宾馆、酒店、医院等。

(2) 供水特点：供水规模、用水习惯及用水均匀性差异较大。

(3) 供水时间：全天候 24h 供应热水。

(4) 系统设计及运行：如图 7-5 所示，系统设计应最大限度利用太阳能减少辅助能源消耗。

平板集热器在北方寒冷地区的防冻建议：采用机械排空方式的防冻技术，系统中的水在自身重力的作用下，顺着集热器及管路的坡度流回水箱，系统运行安全，稳定并保证永远不冻，为满足排空的技术要求，一般需要将设备设置在低于集热器的位置。太阳能集热器管道不能采用塑料或钢塑复合管，以防夏季过热对管线造成烫伤。

7.2.1.2 平板太阳能热利用系统解决方案

(1) 平板分体别墅系统——应用于高档别墅或高档低层住宅生活热水。系统原理如图 7-6 和图 7-7 所示。

该系统主要设备包括高性能平板集热器、承压搪瓷内胆水箱、控制系统、换热器、膨胀罐、循环泵、增压泵、管路及配件等。

安装要求：管路预埋。

系统特点：

1) 平板集热器安装在屋顶，与建筑完美结合。

2) 集热系统安全可靠稳定，无冻堵、结垢、渗漏等问题。

3) 确保白天最大限度的利用太阳能，最大限度节省能源；业主也可据自己习惯设定

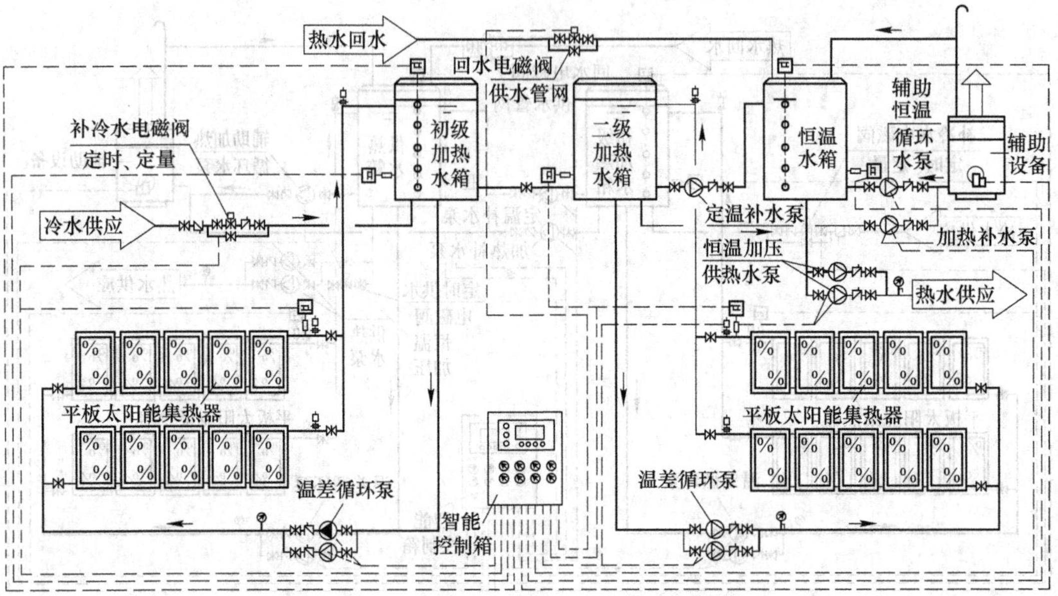

图 7-5　全天候供应热水的系统原理图

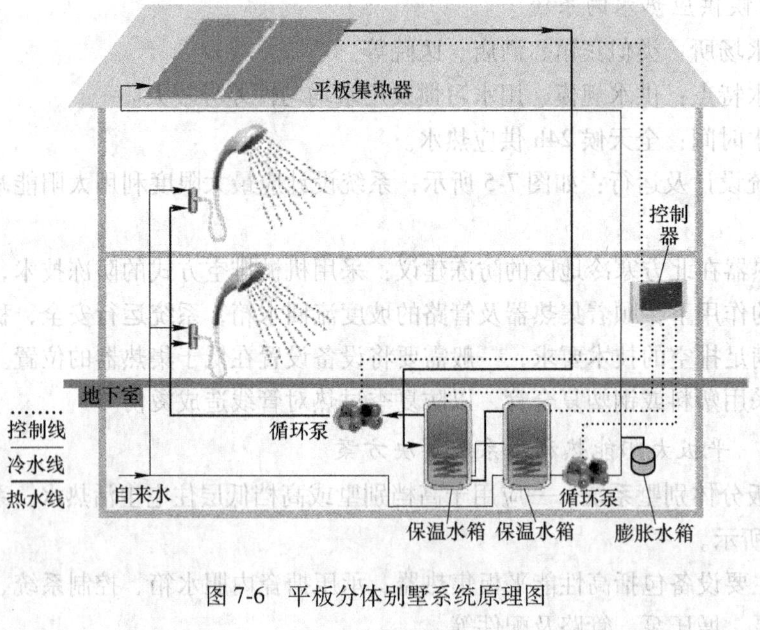

图 7-6　平板分体别墅系统原理图

辅助能源启用时间。

4）水箱承压运行，自来水顶水出水，压力稳定。

5）用户无需控制，只需调控辅助能源的启停，简单方便，容易操作。

6）平板集热器寿命在 25 年以上。

7）干净换热，水箱内生产的热水清洁卫生、无杂质、无污染。

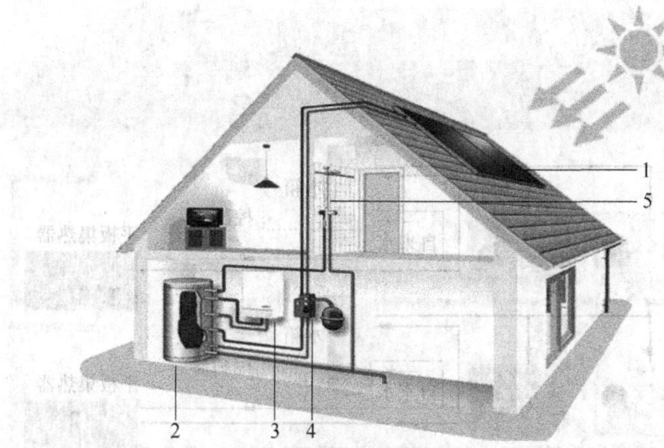

图 7-7　平板分体别墅系统图

1—平板集热器；2—分体换热式水箱；3—辅助加热设备；4—太阳能泵站；5—用水端

8）系统全承压、全自动运行，维护简单方便快捷。

（2）平板阳台壁挂系统——应用于高层、小高层民用住宅建筑生活热水。其原理图、系统图、安装示意图及系统类型分别如图 7-8～图 7-11 所示。

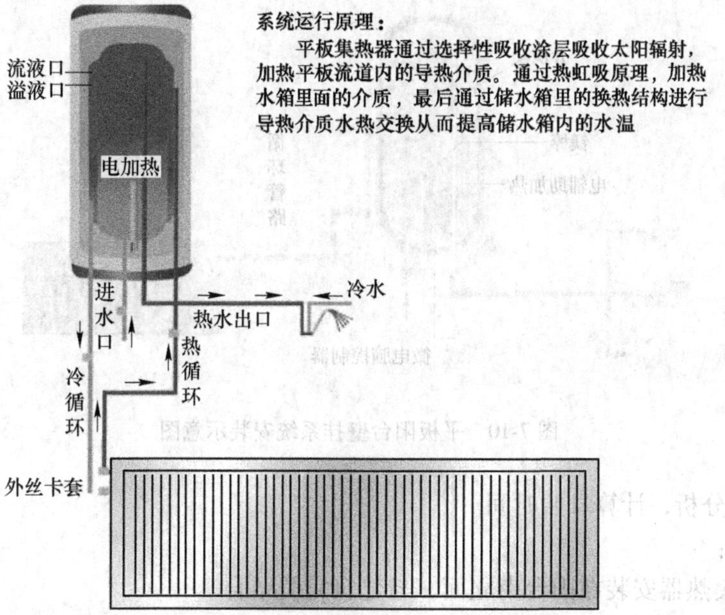
系统运行原理：
平板集热器通过选择性吸收涂层吸收太阳辐射，加热平板流道内的导热介质。通过热虹吸原理，加热水箱里面的介质，最后通过储水箱里的换热结构进行导热介质水热交换从而提高储水箱内的水温
流液口
溢液口
电加热
进水口
冷水
热水出口
热循环
冷循环
外丝卡套

图 7-8　平板阳台壁挂系统原理图

该系统主要设备包括高性能平板集热器、搪瓷内胆承压水箱、智能控制系统等。

安装要求：阳台机安装应有一定夹角（集热器与墙面的夹角），越接近冬至日的正午太阳高度角越好；集热器与水箱间的间距不宜太长，管路拐弯不宜太多；如果前面有建筑

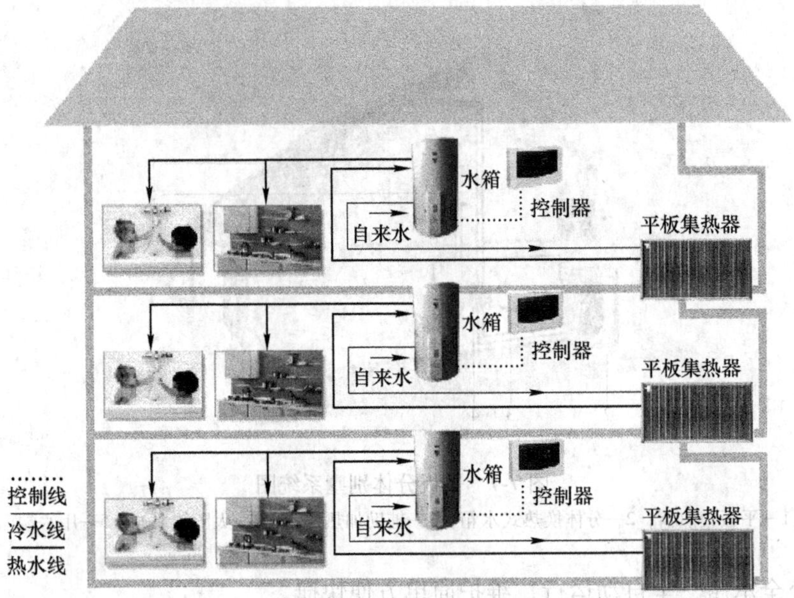

图 7-9　平板阳台壁挂系统图

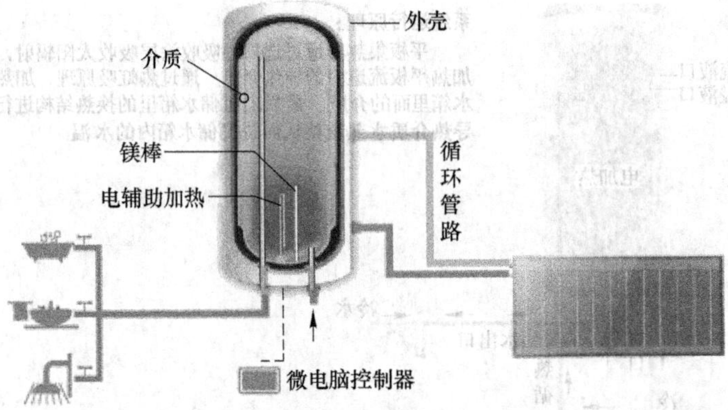

图 7-10　平板阳台壁挂系统安装示意图

物，应做日照分析，计算日照时间。

系统特点：

1）平板集热器安装在阳台南立面，与建筑完美结合。

2）单套设备完全属于住户所有，产权明晰。

3）集热系统安全可靠，无冻堵、结垢、渗漏等问题。

4）确保白天最大限度的利用太阳能，最大限度节省能源；业主可根据自己的习惯设定辅助能源启用时间，温度自主。

5）水箱承压运行，自来水顶水出水，压力稳定，冷热水混水均匀。

6）用户端无需控制，只需调控辅助能源启停，简单方便、容易操作。

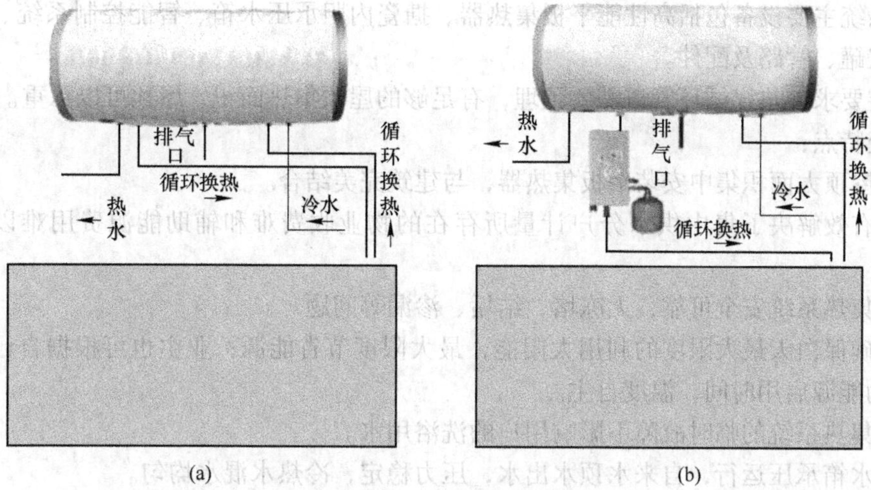

图 7-11 平板阳台壁挂系统类型
（a）阳台自然循环系统；（b）阳台强制循环系统

7）平板集热器寿命在 25 年以上。

8）二次换水，水箱内生产的热水清洁卫生，无杂质、无污染。

9）系统全承压、全自动运行，维护简单方便快捷。

（3）集中集热、分户换热系统——应用于高层、小高层、多层民用住宅建筑、高档公寓等生活热水。其系统原理如图 7-12 所示。

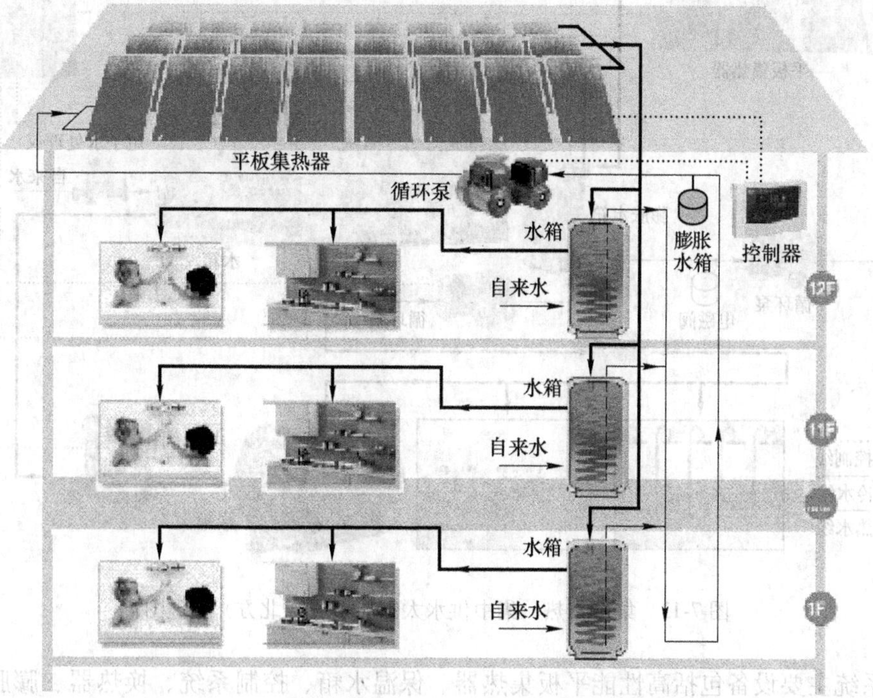

图 7-12 集中集热、分户换热系统原理图

该系统主要设备包括高性能平板集热器、搪瓷内胆承压水箱、智能控制系统、循环水泵、膨胀罐、管路及配件。

安装要求：热媒循环管道需要预埋，有足够的屋顶集热面积，屋顶可以承重。

系统特点：

1）屋顶大面积集中安装平板集热器，与建筑完美结合。

2）有效解决了集中供水分户计量所存在的物业收费难和辅助能源费用难以分割的问题。

3）集热系统安全可靠，无冻堵、结垢、渗漏等问题。

4）确保白天最大限度的利用太阳能，最大限度节省能源；业主也可根据自己的习惯设定辅助能源启用时间，温度自主。

5）集热系统的临时故障不影响用户的洗浴用水。

6）水箱承压运行，自来水顶水出水，压力稳定，冷热水混水均匀。

7）用户端无需控制，只需调控辅助能源启停，简单方便、容易操作。

8）平板集热器寿命在25年以上。

9）二次换热，水箱内生产的热水清洁卫生，无杂质、无污染。

10）系统全承压、全自动运行，维护简单方便快捷。

（4）集中集热、集中供水太阳能系统——应用于大型酒店、饭店、医院、学校、洗浴中心、职工浴室、工业用热水等。其系统原理如图7-13和图7-14所示。

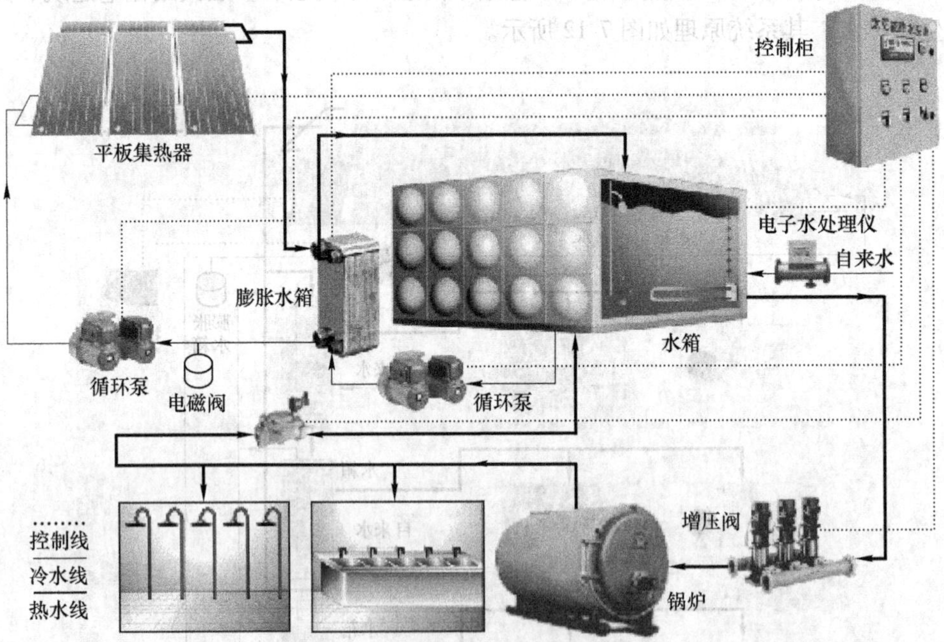

图7-13 集中集热、集中供水太阳能系统（北方）原理图

该系统主要设备包括高性能平板集热器、保温水箱、控制系统、换热器、膨胀罐、循环泵、增压泵、管路及配件等。

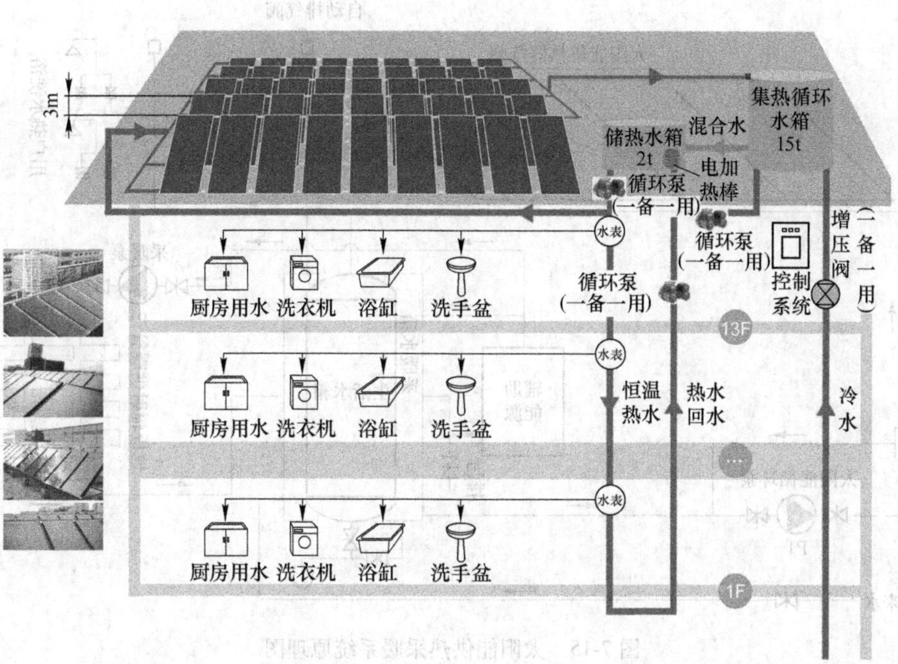

图 7-14 集中集热、集中供水太阳能系统（南方）原理图

安装要求：有足够的屋顶集热面积，屋顶可以承重。

系统特点：

1）热水资源共享性高，后期运行费用较低。

2）相比分户储热形式，系统整合程度高，太阳能量及设备的有效利用率更高，初期建设规模相对较小。

3）物业部门集中管理，集中维护，维修率较低。

4）集热器安装在楼顶层，不影响建筑外观。

5）系统投资低。

6）不足是需分户单独安装热水表进行热计量，收费、管理较为麻烦；并且为保证用水质量，会造成供水成本增高。

7.2.2 太阳能供热采暖工程

太阳能供热采暖工程系统项目主要为开发利用太阳能系统建设的“三北”地区（东北、华北、西北）的新农村、新民居，项目建设类型为太阳能建筑一体化，可以替代或部分替代以煤、石油、天然气、电力等作为能源的锅炉。

（1）用水场所：新农村、新民居等。

（2）供水特点：洗浴、地暖（地板辐射采暖）、厨房用热水等。

（3）供水时间：洗浴为全天候 24h 供应热水，采暖季供地暖循环。

（4）系统设计及运行：如图 7-15 所示，系统设计应最大限度利用太阳能减少辅助能源消耗。

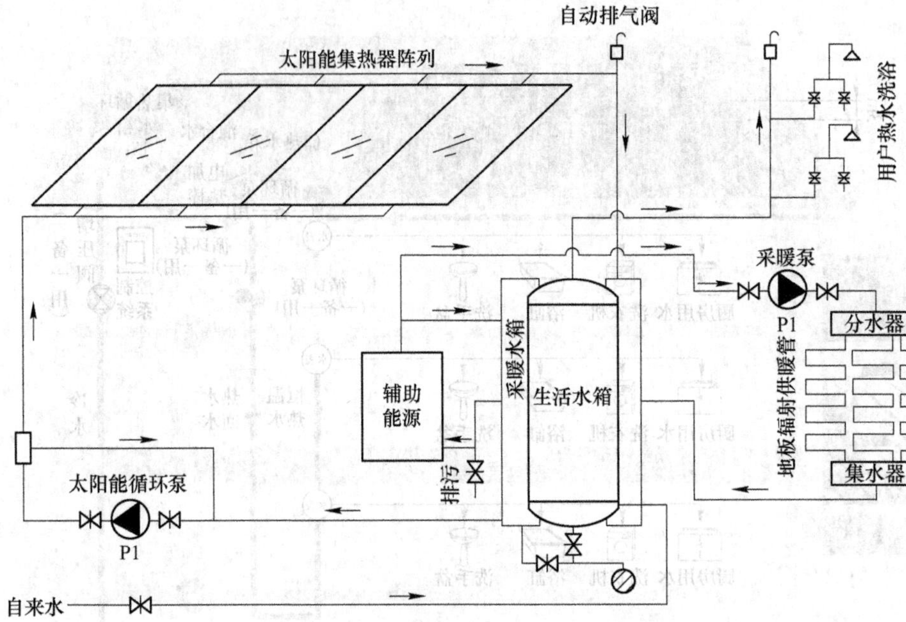

图 7-15　太阳能供热采暖系统原理图

7.2.2.1　单水箱中央供热水采暖系统

单水箱中央供热水采暖系统如图 7-16 所示。

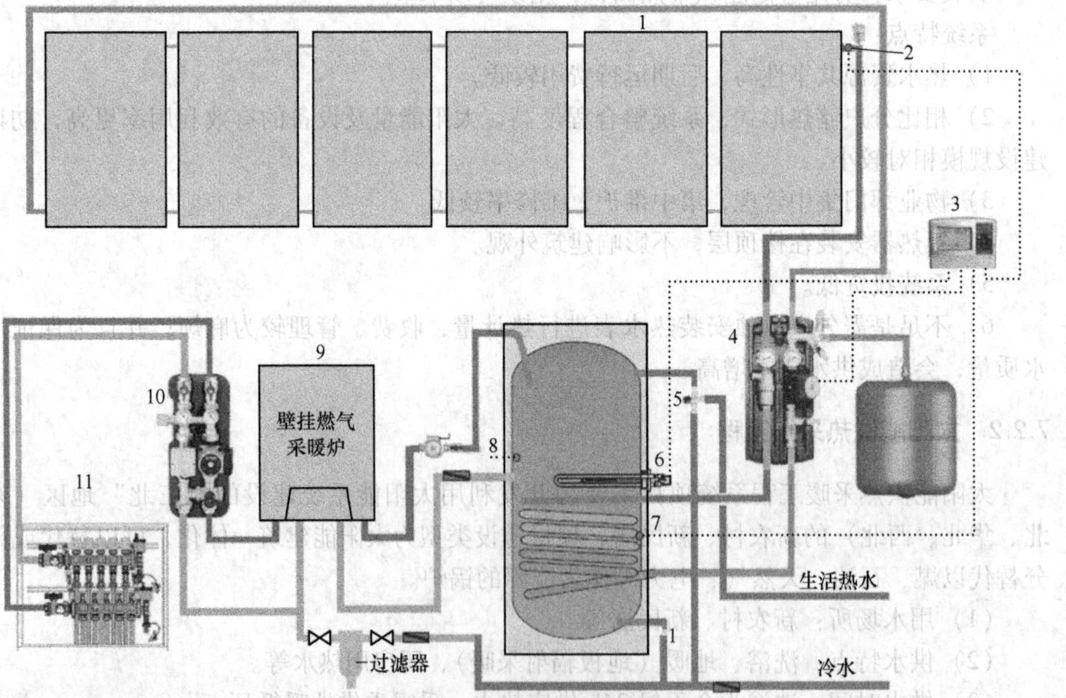

图 7-16　单水箱中央供热水采暖系统原理图

1—集热器；2—集热器温度传感器；3—控制器；4—太阳能泵站；5—恒温阀；6—电加热；7—水箱温度传感器；8—水温传感器；9—壁挂燃气炉；10—采暖温控中心；11—地板采暖集分水器

(1) 系统说明。

1) 太阳能提供生活热水。

2) 壁挂燃气炉和电加热作为太阳能的辅助加热设备。

3) 地板采暖完全由壁挂燃气炉提供热量。

(2) 系统特点。

1) 生活热水完全由太阳能提供，太阳能不足时再由燃气或电作为辅助加热。

2) 采暖的壁挂炉既可进行采暖又可作为太阳能的辅助设备。

3) 该系统适合屋面空间较小的别墅建筑形式。

4) 系统结构简单，易于设计安装，成本较低。

(3) 系统控制。

1) 集热器与生活热水水箱采用温差循环。

2) 在采暖季节，生活热水箱温度达不到要求时，由燃气锅炉辅助加热，迅速加热水箱的上部热水。非采暖季使用辅助电加热做部分的补充。

3) 采暖季节，采暖供热完全由燃气锅炉实现。

4) 供水管路的出水防烫伤和出水恒温控制，采用回水循环保持管路中无冷水。

7.2.2.2 双水箱供热水联合采暖系统

双水箱供热水联合采暖系统如图 7-17 所示。

(1) 系统说明。

1) 太阳能提供生活热水。

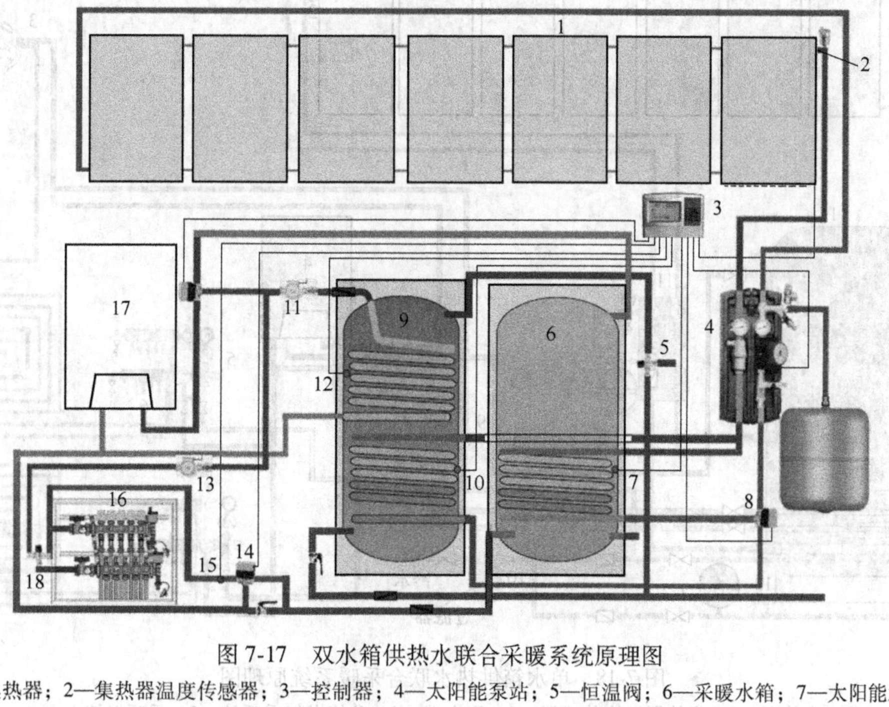

图 7-17 双水箱供热水联合采暖系统原理图

1—集热器；2—集热器温度传感器；3—控制器；4—太阳能泵站；5—恒温阀；6—采暖水箱；7—太阳能水箱温度传感器；8—采暖供水三通电动阀；9—生活热水水箱；10—生活热水水箱温度传感器；11—辅助加热循环泵；12—热水温度传感器；13—采暖循环泵；14—采暖回水三通电动阀；15—采暖回水温度传感器；16—地板采暖集分水器；17—壁挂燃气采暖炉；18—采暖混水阀

2）壁挂燃气炉辅助加热生活热水。

3）地板采暖由壁挂燃气锅炉和太阳能联合提供热量。

（2）系统特点。

1）生活热水完全由太阳能提供，太阳能不足时再由燃气或电作为辅助加热。

2）采暖的壁挂炉既可进行采暖又可作为太阳能的辅助设备。

3）该系统适合屋面空间较大的别墅建筑形式，可提供部分采暖热量。

4）系统结构简单，易于设计安装，成本较低。

（3）系统控制。

1）集热器与生活热水水箱和采暖水箱采用温差循环。

2）在采暖季节，生活热水箱温度达不到要求时，由燃气锅炉辅助加热，迅速加热水箱的上部热水。非采暖期，在生活热水水箱过热时，切换到采暖水箱进行蓄热，在生活热水水箱温度较低时，先由采暖水箱提供给生活热水水箱热量，再由辅助能源加热。

3）采暖季节，先由采暖水箱供热采暖，在采暖水箱温度低于 30℃时，切换到由燃气锅炉实现采暖以及辅助加热生活热水水箱。

4）供水管路的出水防烫伤和出水恒温控制，采用回水循环保持管路中无冷水。

7.2.2.3 单水箱供热水联合采暖系统

单水箱供热水联合采暖系统如图 7-18 所示。

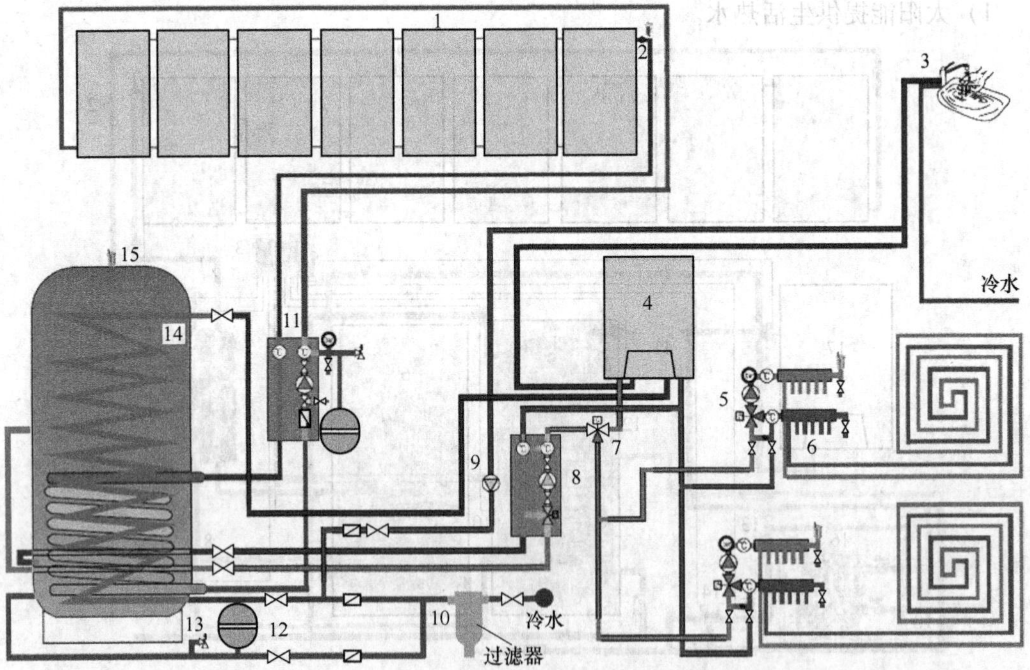

图 7-18 单水箱供热水联合采暖系统原理图

1—集热器；2—集热器温度传感器；3—用水端；4—壁挂燃气采暖炉；5—采暖温控中心；6—地板采暖集分水器；7—三通电动阀；8—采暖泵站；9—热水管路回水循环泵；10—过滤器；11—太阳能泵站；12—采暖膨胀罐；13—泄压阀；14—组合水箱；15—自动排气阀

（1）功能说明。

1）太阳能提供生活热水。

2）壁挂燃气炉辅助加热生活热水。

3）地板采暖由壁挂燃气锅炉和太阳能联合提供热量。

（2）系统特点。

1）生活热水完全由太阳能提供，太阳能不足时再由燃气或电作为辅助加热。

2）采暖的壁挂炉既可进行采暖又可作为太阳能的辅助设备。

3）该系统适合屋面空间较大的别墅建筑形式，可提供部分采暖热量。

4）系统水箱是联合式水箱，供生活热水与采暖供热集成一个水箱，该水箱可以提供生活热水的速热。

（3）系统控制。

1）集热器与生活热水水箱和采暖联合水箱采用温差循环。

2）在采暖季节，生活热水箱温度达不到要求时，由燃气锅炉辅助加热，迅速加热水箱的上部热水。非采暖期，生活热水水箱和采暖水箱进行蓄热，在生活热水水箱温度较低时，由辅助能源加热。

3）采暖季节，先由采暖水箱供热采暖，在采暖水箱温度低于30℃时，切换到由燃气锅炉实现采暖以及辅助加热生活热水水箱。

4）燃气锅炉，采暖期采用冬季模式实现生活热水与采暖双重功能，非采暖期仅供生活热水。

5）供水管路的出水防烫伤和出水恒温控制，采用回水循环保持管路中无冷水。

7.2.3 太阳能游泳池加热系统

游泳池所需要热负荷主要是池水加热和淋浴。池水加热主要是解决每天池水的温降。游泳池是一个大型的水体系统，其具有与其他使用热水的场合截然不同的特点，水体量大，而且水体内含有灭菌分子，但水体要求的加热温度较低。热水不需要排掉，可循环使用，只要解决每天几摄氏度的温降即可。太阳能游泳池加温原理及恒温泳池太阳能加热系统分别如图7-19和图7-20所示。

太阳能集热系统应用于游泳池水体加热的优越性有：（1）节能、环保、无污染；（2）提高高档社区的品位；（3）使物业管理部门受益。

太阳能集热系统应用于游泳池水体加热的可推广性有：

（1）太阳能集热系统不仅能有效解决游泳池水体加热，而且其运行费用低廉，对于能够具备安装场地的场所都能够使用。

（2）不受区域限制，适用范围广。

该系统的特点有以下几点：

（1）太阳能加温系统提供泳池日常的热量需求，维持泳池的温度不下降。

（2）太阳能加温系统能够和常规能源结合，解决天气不好时的热量需求。

（3）系统优先采用太阳能加温，能最大限度节省能源。

（4）泳池的初次加温和后期整体换水后的加温还需要常规能源解决。

（5）泳池的水不直接进入集热器，而是通过板式换热器进行热交换。

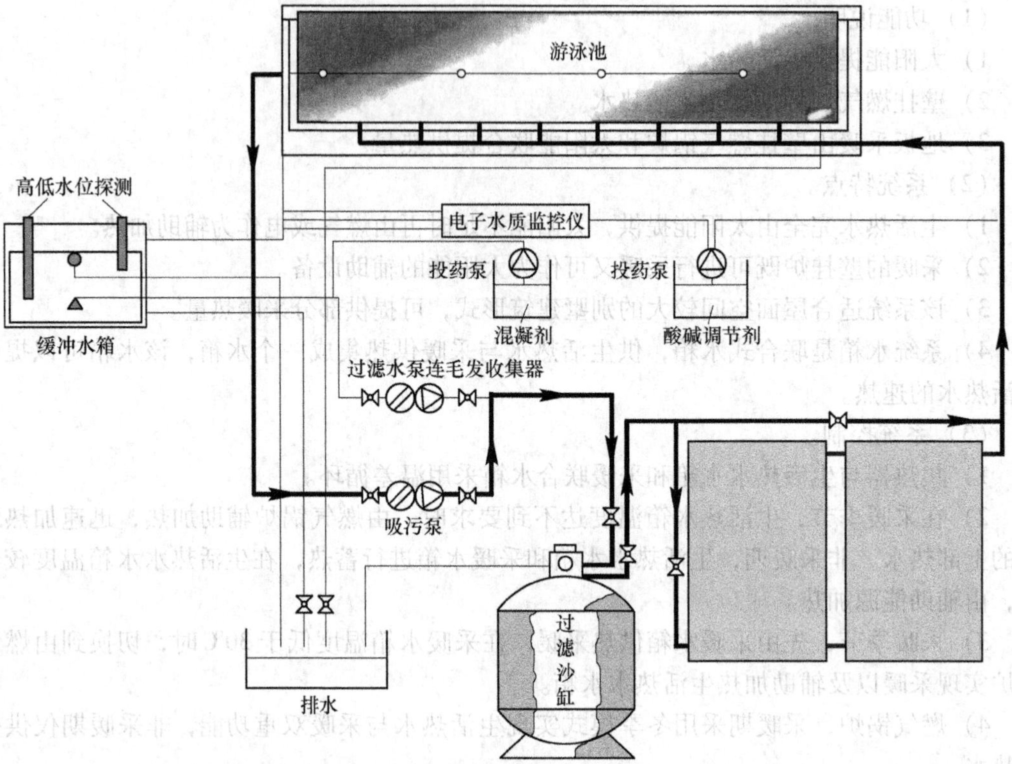

图 7-19　太阳能游泳池加温原理图

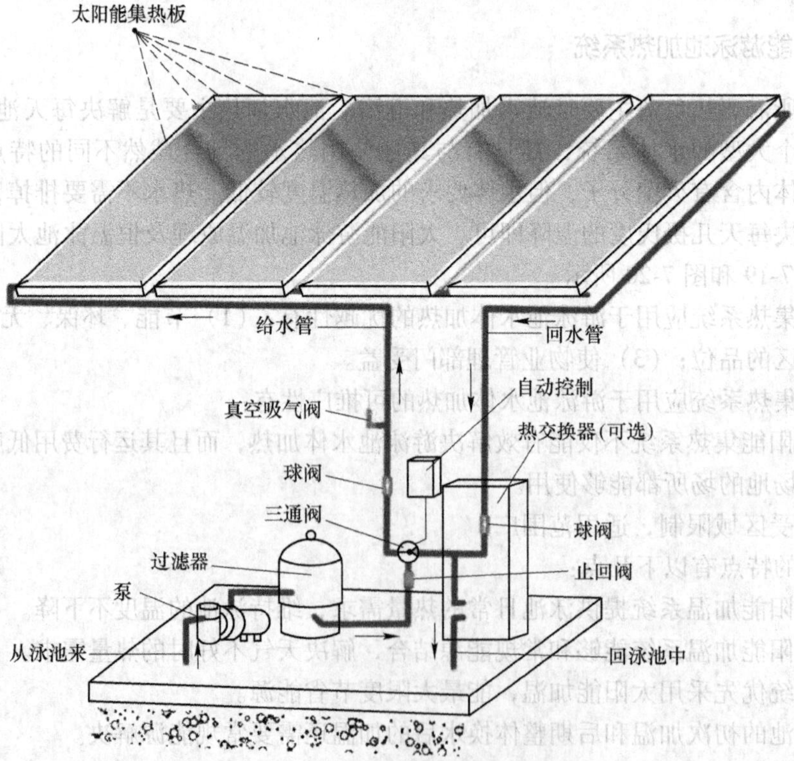

图 7-20　恒温泳池太阳能加热系统图

复习思考题

7-1 为西安某大学游泳馆设计太阳能热水工程。

项目概况：

(1) 游泳池一个，50m×25m×2m，跳水池一个，25m×25m×2m。

(2) 屋面为轻型屋面，荷载不允许超过 $40kg/m^2$。

(3) 为节约运行费用及环保，准备安装 $2200m^2$ 太阳能热水系统和燃气锅炉加热系统联合解决游泳池、跳水池加热及游泳馆洗浴热水问题。

(4) 采用 150t 保温水箱一只，40t 保温水箱一只，业已安装在楼层承重墙固定的位置。

设计要求：

(1) 选择合适的太阳能集热器，既能满足系统安全、可靠、稳定、高效的运行，又可实现太阳能与游泳馆现有建筑结构形式融为一体，成为校园一景。

(2) 太阳能系统设计应保证系统安全、可靠、稳定的运行，并充分考虑以下几点：

1) 现有燃气锅炉系统、储热水箱、供水系统等设备已安装就位，设计时充分利用现有安装设备，因地制宜，尽可能不改变现有设备布置格局。

2) 应优先、充分利用太阳能，并使太阳能和燃气锅炉加热系统完美结合，既能最大化的发挥太阳能的作用，减少燃气消耗，又可在阴雨天或光照不足太阳能热量不够用时，及时启动燃气锅炉，保证游泳池、跳水池水温及游泳馆洗浴热水。

3) 从设计角度尽可能降低系统运行费用及系统热损。

4) 应选用先进、可靠、安全的控制系统，既管理方便，具有人性化的人机沟通功能，又保证系统能长久的安全、稳定、可靠、灵敏的运行。

(3) 充分考虑系统冬季防冻、夏季防高温、防雷、防风、防垢等安全问题。

用水要求：

(1) 能够保证每天实际使用热水 140~150t（阴雨雪天，采用燃油锅炉装置辅助加热）。

(2) 采用 ϕ58mm×1800mm×13200 支真空集热管集热，储水箱储存热水，通过管道输送至游泳池，四季都能运行。

7-2 为浙江某酒店设计太阳能热水工程，该酒店概况如下所述。

该酒店地理区域为东经 119°49′~120°17′，北纬 29°02′13″~29°33′40″，属中亚热带季风气候，四季分明，气候宜人，阳光充裕，冬季气温最低-6℃，夏季气温最高达 40℃左右，基础水温为 15℃，太阳辐射量约为 $4800MJ/(a \cdot m^2)$，晴天平均日照时间 6h 以上的超过 200 天。

该酒店是一家准五星级酒店，建筑层高 20 层，总高度 82m，酒店 24h 供应热水，热水机房系统位于顶层，采用燃气锅炉配承压容器供水。酒店投入运转以来，热水费用居高不下，为此，酒店管理层从节能、环保、降低费用方面，决定分两期安装太阳能作为热水供应，在阳光不足时启动原燃气锅炉热水系统进行配合，达到降低运转成本的目的。

8 太阳能热应用

太阳能热应用的领域很多，从最贴近民生的家用太阳能热水器、太阳能采暖供冷、太阳能温室、太阳灶，到太阳能工业热利用、太阳能海水淡化和太阳能热动力发电，都属于太阳能热利用的学科范畴。

目前，太阳能热利用主要分为两个层次：（1）太阳能的中低温应用，包括太阳能热水器（含太阳能热水工程系统）、太阳能采暖、太阳能干燥、太阳能工业预热等低于100℃的太阳能热利用领域；（2）太阳能中高温应用，包括太阳能工业加热、太阳能空调制冷、太阳能光热发电等高于100℃以上的太阳能热利用领域。从太阳能热利用行业的现状看，太阳能中高温应用目前正处在研发与示范推广阶段，未来具有良好的市场前景；太阳能热水器产业，因其与人民的日常生活密切相关，产品具有环保、节能、安全、经济等典型特点，迅速发展成为我国太阳能热利用的“主力军”。

8.1 太阳能采暖

太阳能采暖系统由太阳能集热器（平板太阳能集热器、真空管太阳能集热器、U形管太阳能集热器、热管太阳能集热器）、水箱、连接管道、控制系统等构成。是指将分散的太阳能通过集热器，把太阳能转换成热水，将热水储存在水箱内，然后通过热水输送到发热末端（如地板辐射采暖、散热器采暖），提供建筑供热的需求。

8.1.1 一般要求

建筑屋面或建筑旁能够摆放相应面积的太阳能集热器；安装太阳能采暖系统的建筑，主要朝向宜为南向；建筑的体形和空间组合应避免安装太阳能集热器部位受建筑自身及周围设施和绿化树木的遮挡，并应满足太阳能集热器有不少于4h日照时数的要求；建筑的主体结构或结构构件，应能够承受太阳能热水系统的荷载；建筑外墙要有保温；建筑的玻璃是节能玻璃。具备以上条件较适合安装太阳能采暖系统。

8.1.2 太阳能蓄能采暖介绍

太阳能蓄能采暖分为当天蓄能采暖、周蓄能采暖、跨季蓄能采暖。

（1）当天蓄能采暖。当天蓄能采暖指利用太阳能集热器将当天的热能收集到水箱内储存起来，满足建筑末端的供热需求。

（2）周蓄能采暖。周蓄能采暖指利用太阳能集热器将一周的热能收集到水箱内储存起来，满足建筑末端的供热需求。集热器的面积确定按照一周的太阳能辐照量计算，水箱的容量要稍大于当天蓄能采暖系统的水箱。适合不常居住的度假别墅。

（3）跨季蓄能采暖。跨季蓄能采暖指利用太阳能集热器将春、夏、秋三个季节的热能收集到水箱内储存起来，满足建筑末端的供热需求。集热器的面积确定按照三个季节的太阳能辐照量计算，水箱的容量约大于当天蓄能采暖系统水箱的10倍。适合无足够面积可供太阳能集热器摆放的别墅。

8.1.3 常用的太阳能采暖系统形式

8.1.3.1 太阳能直接地板采暖

太阳能直接地板采暖系统如图8-1所示。

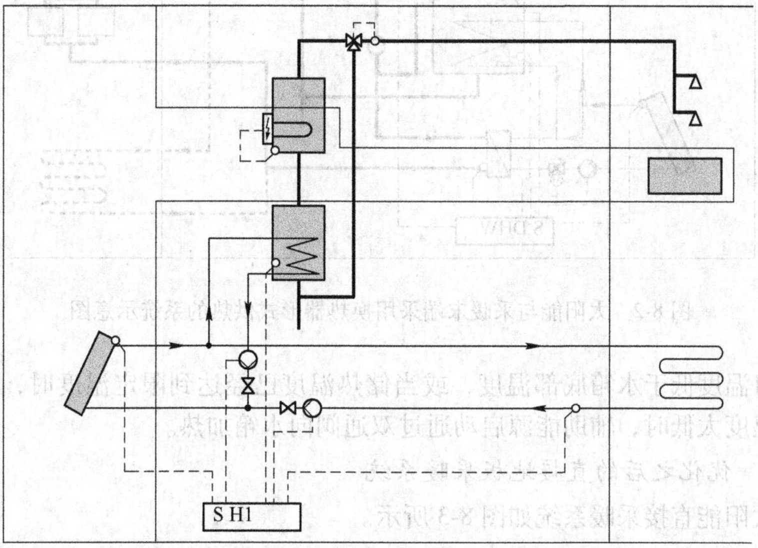

图8-1 基本形式的太阳能直接地板采暖系统示意图

该系统的主要特点是：这个联合系统用于地板采暖，是热水加热和采暖结合使用的系统。传热介质流经集热器后被加热，没有使用中间换热器，直接供地盘管加热混凝土板。混凝土板一般的厚度为12~15cm，因此可以储存太阳能，在晚间放热采暖。这个系统在20世纪70年代末开发。

系统运行方式：两个泵由不同的控制器控制。优先加热温度较低的负荷（家用热水或采暖），所以太阳能集热器以最高的工作效率运行。如果地板采暖的出口温度高于设定点，为了防止房间过热，采暖回路的泵关闭。

8.1.3.2 太阳能与采暖末端采用换热器的形式供热

太阳能与采暖末端采用换热器的形式供热的系统如图8-2所示。

该系统的主要特点是：这个系统由标准的家用热水系统衍生出来，但是为了满足现有采暖的需要集热器面积已经被加大。太阳能和现有的采暖系统（包括用于采暖的供回管路）是通过换热器连接的。储水箱只是用于满足家用热水，水箱内有两个浸入式换热器，太阳能加热水箱的下部，上部的由辅助加热来加热。经过集热器的抗冻介质是加热家用热水的换热器还是采暖供热的换热器是由三通阀控制的。

系统运行方式：系统的辅助能源部分不用控制器控制。集热器出口处的温度高于采暖回路或水箱底部的温度，集热回路循环泵启动。控制三通阀使太阳能热量进入采暖回路。

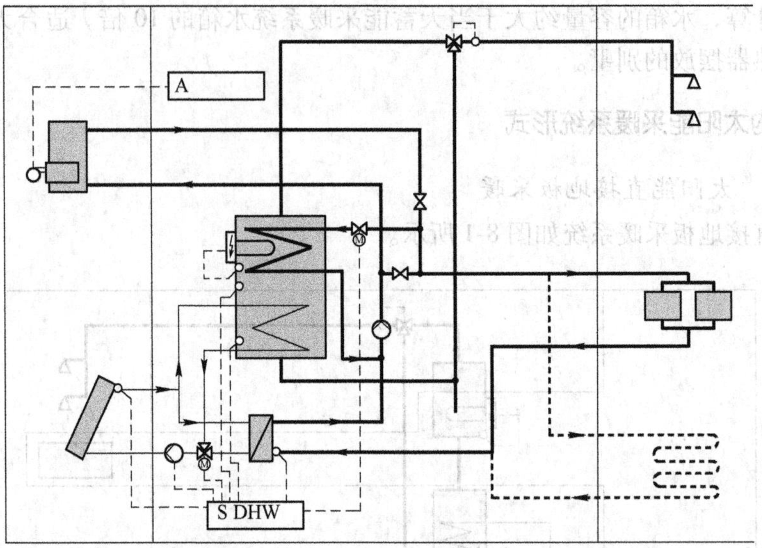

图 8-2　太阳能与采暖末端采用换热器形式供热的系统示意图

当集热器出口温度低于水箱底部温度，或当储热温度已经达到限定温度时，循环泵停止。当家用热水温度太低时，辅助能源启动通过双通阀向水箱加热。

8.1.3.3　优化之后的直接地板采暖系统

优化的太阳能直接采暖系统如图 8-3 所示。

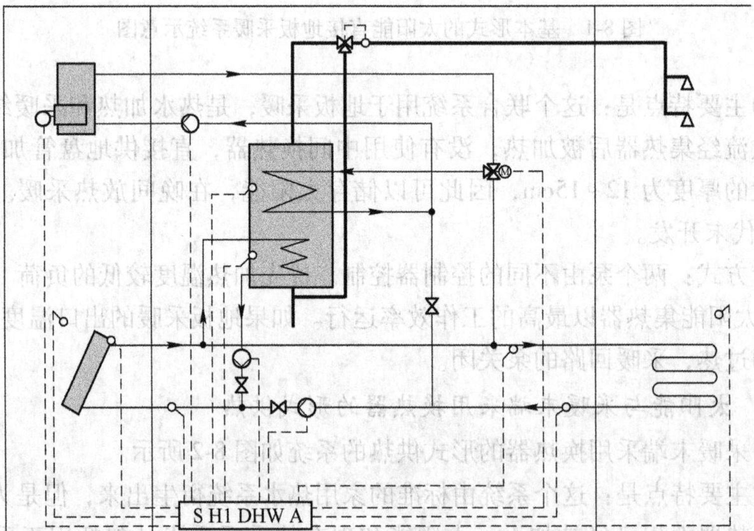

图 8-3　优化的太阳能直接采暖系统示意图

该系统的主要特点是：这个系统是基本形式的太阳能直接地板采暖系统的改进。基本思路是辅助加热和太阳能集热器都直接连接到了采暖散热器上，这样在采暖季节有利于采暖的舒适性。太阳能加热生活热水和采暖综合利用是太阳能应有的有效手段。

系统运行方式：地板采暖的混水阀是通过室外的空气温度和室内的温度形成采暖曲线来控制的。当在向地板供热时，地暖埋管中的水流温度，最高可允许室内温度超过设定温度4℃，但是当辅助热源向地板供热时，辅助锅炉由太阳能控制器控制，一旦室内温度超过设定温度0.5℃，采暖回路的循环泵关闭，这样在不需求辅助能源时可以减少热量损失。在夏季，整个家用热水水箱用于太阳能能量储存。

8.1.3.4 回排式水箱采暖系统

回排式水箱采暖系统如图8-4所示。

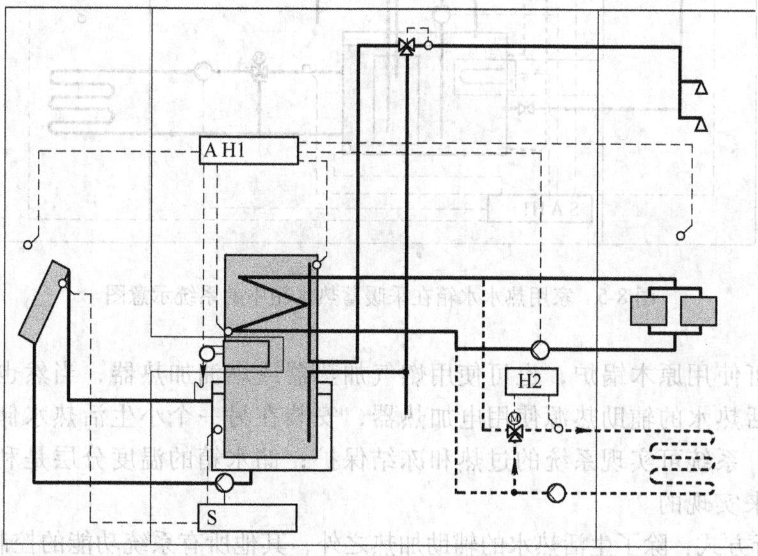

图8-4 有回排容积的家用热水水箱作为采暖蓄热设备的系统示意图

该系统的主要特点是：采暖和生活热水构成一个紧凑的、与燃气加热器组合而成的系统；来自太阳能集热器的热量传递到生活热水储水箱，它也作为采暖用储水箱；生活热水储水箱的四周由一个与太阳能集热器相连的双层蓄热箱包围，此套筒式蓄热箱同时作用于集热器的换热器和回流水箱；利用回流原理，系统可实现过热和冻结保护；储水箱的温度分层是利用储水箱内的自然对流来实现的。

系统运行方式：集热回路的循环泵采用温差控制。如果集热器的温度高于夹套内传热介质的温度，即打开集热回路的循环泵；如果储水箱内生活热水的温度太低，即打开燃气加热器。在使用散热器进行采暖的情况下，此加热器由两个温度传感器控制：一个是室内传感器，给出采暖的供热需求；另一个是室外传感器，提供要打开加热器的指令。

8.1.3.5 家用热水水箱在采暖蓄热水箱中的系统

家用热水水箱在采暖蓄热水箱中的系统如图8-5所示。

该系统的主要特点是：生活热水储水箱放在采暖储水箱里，两个储水箱的尺寸可以在很宽的范围内独立地选择；水常作为集热回路、采暖储水箱和供热回路等的传热介质，期间没有任何过渡的换热器，为此系统的所有部件都由不锈钢、铜或塑料制作；采暖储水箱在常压下运行，而生活热水储水箱在常规的自来水压下运行；采暖的

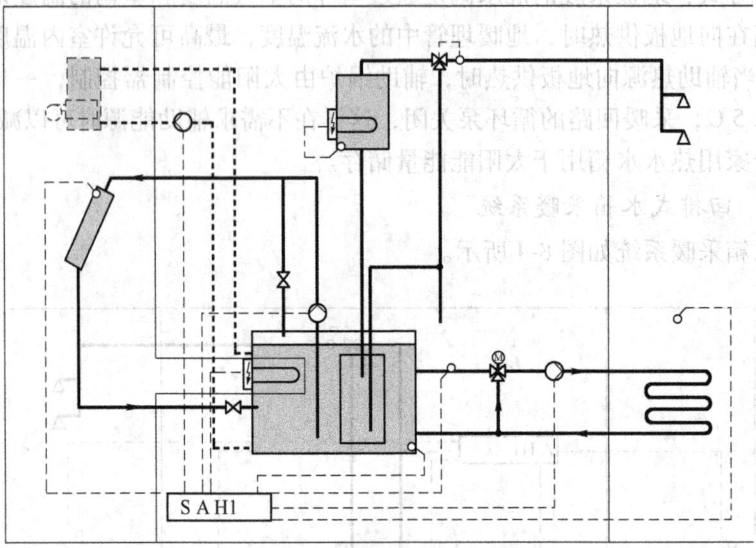

图 8-5 家用热水水箱在采暖蓄热水箱中的系统示意图

辅助热源既可使用原木锅炉，也可使用燃气加热器或燃油加热器，当然也可以使用电加热器；生活热水的辅助热源使用电加热器，安装在另一个小生活热水储水箱内；利用回流原理，系统可实现系统的过热和冻结保护；储水箱的温度分层是利用储水箱内的自然对流来实现的。

系统运行方式：除了生活热水的辅助加热之外，其他所有系统功能的控制都由一个控制器来实现。集热器回路的循环泵采用温差控制，泵的转速取决于集热器和储水箱底部之间的温差。在系统启动阶段，控制器提供特殊的控制程序以排除集热器内在系统停顿时产生的空气。采暖所需要的辅助加热器基本上由一个恒温器控制，当然也可采用一种依赖于室外温度的动态恒温器功能。在使用电力作为辅助能源的情况下，为充分利用夜间的“谷电”，控制器应该是可编程的。采暖回路的热量输送是通过“开/关”循环泵和位于地下盘管分水器的恒温阀进行控制的，控制依据的参数是室外温度、太阳辐照度和风速等。生活热水的辅助电加热器用另一个恒温器控制。

8.1.3.6 两个水箱的采暖供水系统

两个水箱的采暖供水系统如图 8-6 所示。

该系统的主要特点是：系统右边连着采暖和生活热水两个水箱，并且彼此可以独立选择尺寸；采暖储水箱的温度分层是利用一个三通阀来实现的，它将集热器板式换热器提供的热水引入采暖储水箱的中部或顶部；采暖储水箱的上部与辅助热源连接，通常采用原木锅炉，也可采用燃气加热器或燃油加热器；生活热水的加热借助于循环泵，使采暖热水在采暖储水箱和生活热水储水箱内浸没式换热器之间进行循环。

系统运行方式：系统运行采用温差控制和阀值控制器相结合的方法。当太阳能集热器的出口温度高于采暖储水箱的底部温度时，就自动启动集热回路的循环泵；只有当与太阳能集热器连接的板式换热器的出口温度高于采暖储水箱的底部温度时，才自动启动换热器

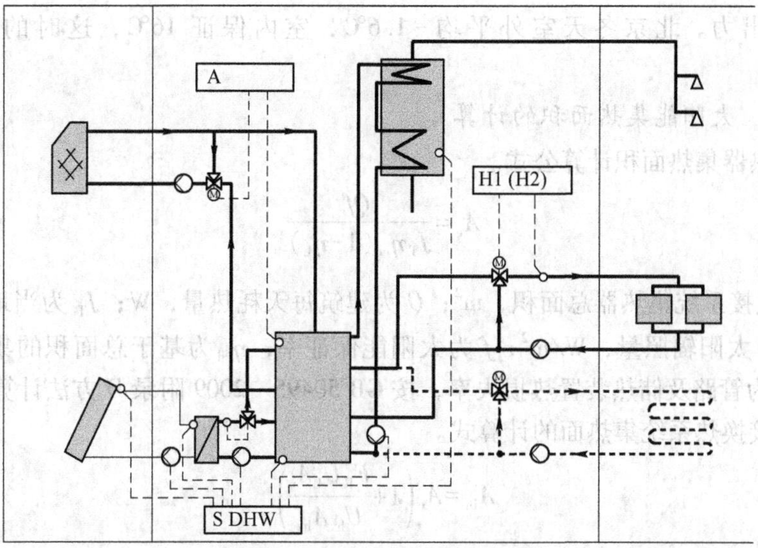

图 8-6 两个水箱系统的示意图

回路的循环泵；三通阀的运行位置是根据板式换热器的出口温度而定的。当生活储水箱的温度低于设定温度值时，或者当采暖储水箱的温度高于某设定温度值时，就自动启动生活热水循环泵，加热生活热水储水箱；当采暖储水箱的温度低于某设定温度值时，就自动启动辅助加热器。

8.1.4 系统设计

太阳能采暖系统供热负荷计算主要分两种用途，一种是用于确定太阳能集热器面积，另一种用于设计备份热源和热水管路。以当天蓄能采暖方式为例确定供暖热负荷。

8.1.4.1 供暖热负荷的确定

供暖系统的设计热负荷可用式（8-1）表示：

$$Q=Q_1+Q_2+Q_3+Q_d \tag{8-1}$$

式中，Q_1 为墙壁散热量；Q_2 为开关门散热量；Q_3 为排气孔耗热量；Q_d 为太阳辐射进入室内的热量。此系统是以辐射采暖为主（占 60%以上），辅以对流传热。据《暖通空调施工与质量验收规范》及实际工程设计情况，在工程中，在仅知道建筑的总面积的情况下可采用表 8-1 中采暖热指标进行计算。

表 8-1 建筑物热指标推荐表（2003 技术措施：暖通空调）

建筑物类型	住宅	办公楼	医院托幼	旅馆	图书馆	商店	单层住宅	食堂餐厅	影剧院	大礼堂体育馆	烘烤房
热指标 /W·m^{-2}	45~70	60~80	65~80	60~70	45~75	65~75	80~105	110~140	90~115	115~160	290~350

室外-9℃（北京）的条件下，供暖需求量，用这个值去配置供暖设备，相当于在最大条件下的出力。北京冬天室外平均-1.6℃，室内保证16℃，这时的规定指标为20.6W/m²。

8.1.4.2　太阳能集热面积的计算

（1）集热器集热面积计算公式。

$$A_c = \frac{Qf}{J_T \eta_{cd}(1-\eta_L)} \tag{8-2}$$

式中，A_c为直接系统集热器总面积，m²；Q为建筑每天耗热量，W；J_T为当地集热器采光面上的平均日太阳辐照量，W/m²；f为太阳能保证率；η_{cd}为基于总面积的集热器平均集热效率；η_L为管路及储热装置热损失率，按GB 50495—2009附录D方法计算。

（2）间接换热系统集热面的计算式。

$$A_{in} = A_c\left(1 + \frac{F_R U_L A_c}{U_{hx} A_{hx}}\right) \tag{8-3}$$

式中，A_{in}为间接系统集热器总面积，m²；$F_R U_L$为集热器总损系数，W/(m²·℃)，采用真空管集热器，取值为1；U_{hx}为换热器传热系数，W/(m²·℃)；A_{hx}为换热器的换热面积，m²。

8.1.4.3　水箱确定

水箱容积选型，根据实际的需求计算水箱的容积选取，在没有进行计算时，可以根据表8-2和表8-3中的推荐值，选取适合的水箱容量。

表8-2　家用太阳能热水系统水箱与集热器采光面积配比的推荐选用

系统类型	每平方米太阳能集热器水箱容积/L·m⁻²
全玻璃真空管集热器	70~90
热管真空管集热器	80~100
间接换热的太阳能热水器	60~80

表8-3　太阳能热水系统储水箱与集热器采光面积配比的推荐选用

系统类型	每平方米太阳能集热器储水箱容积/L·m⁻²
太阳能热水系统	40~100
短期蓄热太阳能供热采暖系统	50~150
季节蓄热太阳能供热采暖系统	1400~2100

8.1.4.4　辅助能源

通常使用的辅助能源有燃油锅炉、燃气炉、生物质锅炉、燃煤锅炉、电加热（水箱内置电加热或外置电加热器）、热泵。

燃煤锅炉启停时间长，出力调整较困难，较难实现自控或无人值守，有环境污染问题；燃油、燃气锅炉控制方便，便于调节，可方便实现自控运行，但设备间需要满足消防要求；热泵使用费用低，控制方便，但设备初投资高，此外北方地区采用空气源热泵在冬季使用能效比很低；电加热设备易安装，控制方便，是太阳能热水系统最常用的辅助热源，但运行费用较高，有时因需电力增容大大增加了系统投资。

在选择辅助热源时，要综合考虑各项因素。

8.1.4.5 辅材选择

太阳能采暖系统采用的管材和管件应符合现行产品要求，管道的工作压力和工作温度不得大于产品标准标定的允许工作压力和工作温度。

太阳能集热系统管道可采用钢管、薄壁不锈钢、塑钢热水管、塑料与金属复合管等。以乙二醇为主要成分的防冻液系统不宜采用镀锌钢管。

设计时，应在系统管路必要位置设置排气装置、泄水装置、温度计、压力表、安全阀、膨胀水箱等辅助设备。闭式系统应设置膨胀罐或泄压阀。

8.1.4.6 管路保温

太阳能热水系统的集热系统连接管道、水箱、供水管道均应保温。常用的保温材料有岩棉、玻璃棉、聚氨酯发泡、橡塑泡棉等材料。

管道保温材料选用有以下要求：保温材料制品的允许使用温度应高于太阳能系统工作的介质最高温度；保温材料不宜采用有机物，以免生虫、腐烂、生菌、引鼠；宜采用吸湿性小、存水性弱、对管壁无腐蚀作用的材料；室外管道保温层外应加保护层防水；保温材料应采用非燃和难燃材料，应符合 GB 50016—2014《建筑设计防火规范》的要求；电加热器的保温必须采用非燃材料。

8.1.4.7 供热末端

太阳能系统效率与集热器种类和工质的工作温度密切相关，太阳能供热采暖系统的散热部件按以下原则选用：太阳能供热采暖系统应优先选用低温辐射供暖系统；水-空气处理设备和散热器系统宜使用在60~80℃工作温度下效率较高的太阳能集热器，如高效平板太阳能集热器或热管真空管太阳能集热器，该系统适合夏热冬冷或温和地区；热风采暖系统适宜低层建筑或局部场所需要供暖的场合。

8.1.5 工程示例

8.1.5.1 北京延庆原乡某别墅示例

项目名称：别墅太阳能采暖系统项目。

项目建设时间：2008 年 5 月~2009 年 2 月。

项目规模：建筑面积 200m^2。

集热器类型：真空管集热器。

集热器的面积：40m^2。

水箱容量：1500L。

生活热水：利用储热水箱的盘管换热器满足家庭生活热水。

水箱结构：SUS304 不锈钢内胆，聚氨酯发泡保温水箱，敞开式水箱，内置生活热水换热器。

管路材质：太阳能专用管外敷聚氨酯发泡保温。

控制系统：采用索乐阳光采暖专用控制器。

辅助能源：与用户室内的燃气锅炉串联使用。

系统特点：采暖季，太阳能系统可满足 11 月份、12 月份、3 月份供暖总量的 60%~70%左右，1 月份、2 月份满足供暖总量的 20%~30%左右；非采暖季可每天提供 1000L 的热水，水质纯净可饮用。为了让太阳能的造型尽可能地与周围环境匹配，集热器设计成球状，支架为木质结构，水箱和管道外表面最后用防腐木进行包装。项目实景如图 8-7 所示。

图 8-7 太阳能采暖项目实景图

8.1.5.2 新农村太阳能采暖示例

项目名称：新农村太阳能采暖项目。

项目建设时间：2009 年 6 月~2010 年 10 月。

项目规模：总建筑面积 1670m^2，最大单户建筑面积 300m^2，最小单户建筑面积 20m^2。

集热器类型：真空管集热器。

集热器的面积：总集热器面积 550.8m^2，最大单户建筑面积 100m^2，最小单户建筑面积 10.2m^2。

水箱容量：600L、300L。

生活热水：利用储热水箱的盘管换热器通过家庭生活热水。

水箱结构：SUS304 不锈钢内胆，聚氨酯发泡保温水箱，敞开式水箱，内置生活热水换热器。

管路材质：太阳能专用管外敷聚氨酯发泡保温。

控制系统：采用索乐阳光采暖专用控制器。

辅助能源：与用户室内的燃煤锅炉串联使用。

系统特点：冬季时系统自动排空，不使用电热带防冻，降低能耗。一年节省电热带的耗能为 3600 度电（每户管道长度约 50m×25W/m×24h/d×120d＝3600W·h）。冬季时，采取自动控制将集热器内热水回流到水箱内，将热量通过地暖散到室内，防止晚上集热器内热量散失。节能测算：每支真空管 1.5L/集热管×50 支集热管×4 组集热器＝300L，占系统一天内收集热量的20%左右。项目实景如图8-8所示。

图8-8 农村太阳能采暖实景图

8.2 太阳能制冷空调

太阳能光热转换制冷，首先是将太阳能转换成热能，再利用热能作为外界补偿来实现制冷目的。光—热转换实现制冷主要从以下几个方向进行，即太阳能吸收式制冷、太阳能吸附式制冷、太阳能除湿制冷、太阳能蒸汽压缩式制冷和太阳能蒸汽喷射式制冷。其中太阳能吸收式制冷已经进入了应用阶段，而太阳能吸附式制冷还处在试验研究阶段。

8.2.1 太阳能吸收式空调

太阳能吸收式制冷的研究最接近于实用化，其最常规的配置是：采用集热器来收集太阳能，用来驱动单效、双效或双级吸收式制冷机，工质对主要采用溴化锂-水或者氨-水，当太阳能不足时可采用燃油或燃煤锅炉来进行辅助加热。系统主要构成与普通的吸收式制冷系统基本相同，唯一的区别就是在发生器处的热源是太阳能而不是通常的锅炉加热产生的高温蒸汽、热水或高温废气等热源。

8.2.1.1 溴化锂-水吸收式空调系统

太阳能吸收式制冷技术，最早起源于20世纪上半叶，由于当时的成本高效率低，商业价值低而没有得到进一步的发展。20世纪70年代，世界性能源危机爆发，促使可再生能源利用技术以及低电耗、不破坏臭氧层的吸收式制冷技术得到较大的发展。太阳能吸收式制冷作为二者的结合，受到了更多的关注。太阳能吸收式制冷，如图8-9所示，主要包括两大部分：太阳能热利用系统以及吸收式制冷机。太阳能热利用系统包括太阳能收集、转化以及储存等构件，其中最核心的部件是太阳能集热器。适用于太阳能吸收式制冷领域的太阳能集热器有平板集热器、真空管集热器、复合抛物面聚光集热器以及抛物面槽式等线聚焦集热器。

吸收式制冷技术方面，从所使用的工质对角度看，应用广泛的有溴化锂-水和氨-水，其中溴化锂-水由于COP（热力系数）高、对热源温度要求低、没有毒性和对环境友好，

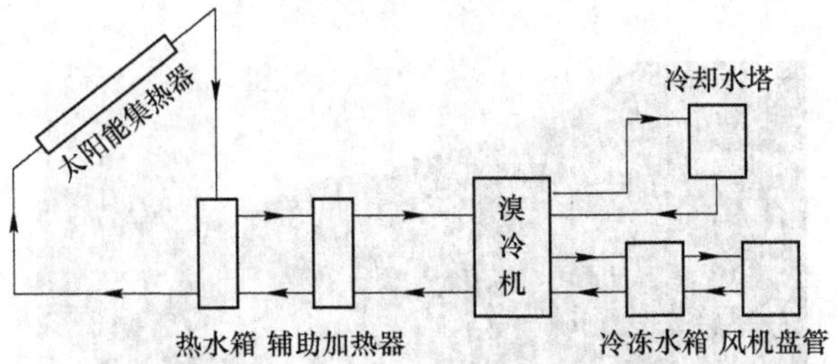

图 8-9　太阳能驱动的溴化锂-水吸收式制冷机原理图

因而占据了当今研究与应用的主流地位。从吸收式制冷循环角度看，目前有单效、双效、两级、三效，以及单效/两级等复合式循环。

单效、两级制冷机，热力系数较低，三效乃至四效等更复杂的制冷循环机型，仍处于试验研究阶段，目前在市场上应用最广泛的是双效型机组。但是由于双效制冷机的能源利用率仍然不及传统的蒸汽压缩式制冷机，而三效制冷机由于 COP 值较高，能源利用率已经可以超过传统的蒸汽压缩式制冷机，因此三效以及多效机组将是今后吸收式制冷技术发展的一个重要方向。

但是另一方面，太阳能集热器的技术对于太阳能吸收式制冷的发展也有限制。目前平板集热器在超过 90℃ 的高温下效率过低，真空管集热器与 CPC 等聚焦集热器，在国际上普遍成本较高，因此太阳能驱动的溴化锂吸收式制冷系统，目前比较成熟且应用广泛的仍然是单效溴化锂吸收式制冷系统。因此，在接下来的介绍中，将以太阳能驱动的单效式系统为主，后面再对双效、两级以及其他太阳能驱动溴化锂吸收式制冷方面的相关技术加以介绍。

A　太阳能驱动的单效溴化锂吸收式制冷空调系统

单效溴化锂吸收式制冷机热力系数（COP）约为 0.6，其驱动能源如果采用 0.03~0.05MPa 的蒸气，即为蒸气型单效溴化锂吸收式制冷机组；如果采用 85~150℃ 的热水作为驱动热源，即为热水型单效溴化锂吸收式机组。

单效溴化锂吸收式制冷机的 COP 值不高，产生相同数量的冷量，所消耗的一次能源大大高于传统压缩式制冷机。但是其优势在于可以充分利用低品位能源，比如废热、余热、排热等作为驱动能源，从而可以充分有效地利用能量，这是压缩式制冷机无法比拟的。从低品位能源充分利用的角度看，单效机组是节电而且节能的。而采用低温太阳能集热器，所产生的太阳能热水可以用来驱动单效吸收式制冷机，从而组成太阳能驱动的单效溴化锂吸收式制冷系统。

适用于这一系统的太阳能集热器类型有平板集热器、CPC 集热器以及在国内占据较大市场的真空管集热器。在国际上，由于真空管集热器造价昂贵，为降低系统成本，应用的主要还是各种形式的平板集热器（单层盖板、双层盖板或盖板与吸热板之间加透明隔热填充材料等）。而在国内，由于真空管集热器价格已经较为低廉，平板集热器的高温集热效率太低，真空管集热器已经占据越来越多的市场。图 8-10 所示是太阳能驱动的单效溴化锂吸收式制冷系统的示意图。

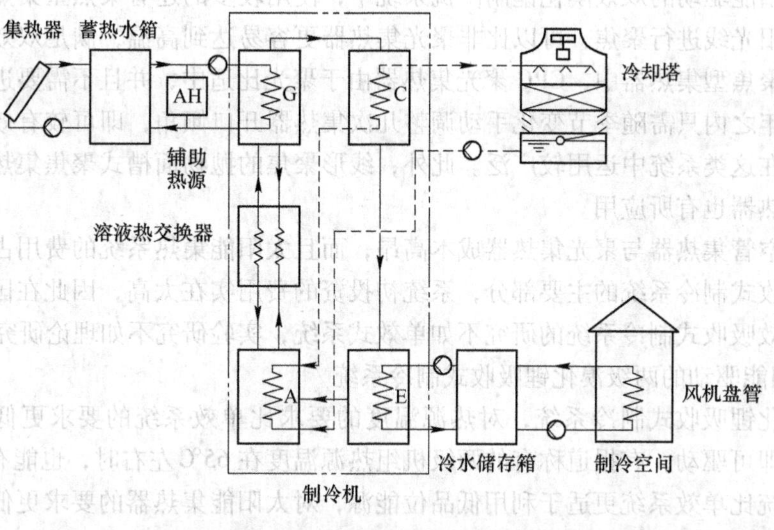

图 8-10 太阳能驱动的单效溴化锂吸收式制冷系统示意图

B 太阳能驱动的双效、两级溴化锂吸收式制冷空调系统

双效溴化锂吸收式制冷机是以单效溴化锂吸收式制冷机为基础的，即在原有换热设备的基础上，再增设一高压发生器，其间供以 0.25～0.6MPa 蒸汽，把产生的冷剂蒸汽送往低压发生器的管程，而产生的浓溶液送往低压发生器的壳程（溶液串联循环系统）或直接送往吸收器（溶液并联循环系统）。为了提高机组的性能系数，双效溴化锂吸收式制冷机中还设有高温溶液热交换器和利用工作蒸汽凝结水的凝水换热器及其他辅助设备。由于这种机组能充分利用加热热源，性能系数较高，一般在 1.0 上，因此目前双效溴化锂吸收式制冷机被广泛采用。

a 太阳能驱动的双效溴化锂吸收式制冷系统

双效溴化锂吸收式机组，自从 1961 年美国斯泰哈姆公司制成世界上第一台双效溴化锂吸收式制冷机之后，由于其 COP 值较高，能够利用较高品位的能源，在单效溴化锂吸收式机组越来越无法与传统压缩式制冷机组相抗衡的情况下，逐渐占据了吸收式制冷机组市场的主流。

双效溴化锂吸收式机组，其热力系数 1.1～1.2，驱动热源可以是 150℃ 以上的高温热水，或者 0.25～0.8MPa（表压）的饱和蒸汽。我国自从 1982 年生产出第一台双效机以来，蒸汽型双效机在很长一段时间内一直占据着溴化锂吸收式制冷机产量的很大一部分。

20 世纪 90 年代初，我国第一台直燃型双效机组由开封通用机械厂、上海七零四所以及开封锅炉厂研制成功。从此，直燃型机组在国内得到迅猛发展，销量不断上升，到 1999 年市场份额已占溴化锂吸收式制冷机总销售量一半以上。

由于双效溴化锂吸收式制冷机组所要求的驱动热源温度在 150℃ 以上，平板集热器只能提供 100℃ 以下的太阳能热水，而且温度越高效率恶化越严重。因此平板集热器不适合于用来直接驱动双效溴化锂吸收式制冷机组，但也有部分系统可以用它做双效机低压发生器的部分驱动源。真空管集热器集热温度可达 200℃，效率也优于平板集热器，因此可以采用。在太阳能驱动的双效溴化锂制冷机系统中，使用较多的还有聚焦型集热器，因为它们通过对太阳光线进行聚焦，可以比非聚光集热器更容易达到高温，满足双效机对驱动热源的要求。聚焦型集热器中，CPC 聚光集热器由于聚光比适中，并且不需要进行太阳光线跟踪或者一年之内只需随季节变化手动调整几次集热器开口倾角，即可较有效地吸收太阳辐射能，故在这类系统中运用较广泛。此外，线形聚焦的抛物面槽式聚焦集热器、菲涅尔线形聚焦集热器也有所应用。

由于真空管集热器与聚光集热器成本高昂，而且太阳能集热系统的费用占据太阳能驱动溴化锂吸收式制冷系统的主要部分，系统初投资的费用实在太高，因此在国际上，太阳能驱动的双效吸收式制冷系统的研究不如单效式系统，实验研究不如理论研究。

b 太阳能驱动的两级溴化锂吸收式制冷系统

两级溴化锂吸收式制冷系统，对热源温度的要求比单效系统的要求更低。使用 70~80℃的热水即可驱动，有报道称有的两级机组热源温度在65℃左右时，也能有效工作。因此，两级系统比单效系统更适于利用低品位能源，对太阳能集热器的要求更低，采用平板集热器就可以完全满足其要求。

但是，两级溴化锂吸收式制冷系统的 COP 值更低，只有 0.3~0.4 左右。目前国际上对太阳能驱动的两级溴化锂吸收式制冷系统的研究也不算多。

c 其他方面的研究

关于太阳能驱动的溴化锂吸收式制冷的研究，除了前面介绍的单效、双效以及两级系统以外，单效/两级复合循环、三效循环等更复杂的循环形式也有所研究。另外，还有一些吸收式与压缩式的联合循环。

C 溴化锂-水吸收式空调发展现状

太阳能吸收式制冷技术于20 世纪上半叶兴起，在 20 世纪 70 年代大规模发展，是各种太阳能制冷技术中最为成熟也最被看好的一种。太阳能吸收式制冷以太阳能为主能源，取之不尽用之不竭。太阳能吸收式制冷所采用的工质，与传统的蒸汽压缩式制冷系统工质相比，不破坏臭氧层，对环境友好。

在现有的各种太阳能吸收式制冷系统中，采用溴化锂-水为工质对的系统，和采用其他工质对的系统相比，它的 COP 值更高而且不会产生对人体有害的气体，是目前研究最多应用最广泛的太阳能吸收式制冷系统。

在世界范围内很多国家和地区都开展了太阳能驱动溴化锂吸收式制冷系统的研究与应用，研究内容涉及集热器类型、吸收式循环结构以及蓄冷蓄热和经济效益等各个方面。但是，应该看到，在广泛的研究热潮下，目前世界上尚没有实现一个真正商业化的可以跟传统电动压缩式制冷系统进行竞争的系统。吸收式制冷机的 COP 与压缩式系统相比偏低是其中原因之一，但真正的瓶颈在于太阳能集热系统成本的居高不下。

8.2.1.2 氨-水吸收式制冷系统

和前一节中讲到的太阳能驱动溴化锂-水吸收式空调系统一样，太阳能驱动氨-水吸收式制冷系统也是利用太阳能作为驱动制冷机运行的热源来达到制冷的目的。典型的氨-水吸收式制冷系统的 COP 在 0.4~0.6 之间，而蒸汽压缩式制冷系统的 COP 在 3~5 之间。单从这点来看，似乎利用氨-水吸收式制冷系统从经济性上来看并不合算。但事实上在某些特殊场合，例如在远离供电设施、有廉价的废热资源可供利用或者当地有丰富的太阳能资源的地方，利用氨-水吸收式制冷系统的运行费用远远低于常规的蒸汽压缩式制冷系统，这就促成了太阳能驱动的氨-水吸收式制冷系统的问世。和太阳能溴化锂吸收式空调系统相比，虽然氨-水吸收式制冷系统的 COP 要低，热源温度要求较高，但是使用氨作为制冷剂可以使蒸发温度降低到零摄氏度以下，因此自从氨-水太阳能吸收式制冷系统问世以来，大多被用来制冰和冷藏。

A 连续式太阳能驱动的氨-水制冷系统

连续式太阳能驱动氨-水制冷系统通常以太阳能集热器来提供制冷所需的热源，利用太阳能直接或者间接加热发生器中的氨-水溶液，驱动制冷系统制冷。图 8-11 所示为简单的太阳能驱动的连续式氨-水制冷系统的循环流程图。整个系统包括太阳能集热器、发生器、冷凝器、蒸发器、吸收器、热交换器、膨胀阀和溶液泵。太阳能集热器中的氨水溶液被太阳能加热（或者利用加热后的载热介质-油、热水或蒸汽加热发生器中的氨-水溶液使得其中的氨受热蒸发），解吸出的氨蒸汽流经冷凝器，向外界放出热量，变成高温高压的液体，再经过膨胀阀，压力和温度都得到降低。低温低压的氨液进入蒸发器蒸发成为低温低压的蒸汽，同时吸收外界的热量，达到制冷的目的。氨蒸汽回到吸收器，被稀溶液吸收溶解，变成高浓度的氨-水溶液，如此完成一个制冷循环。

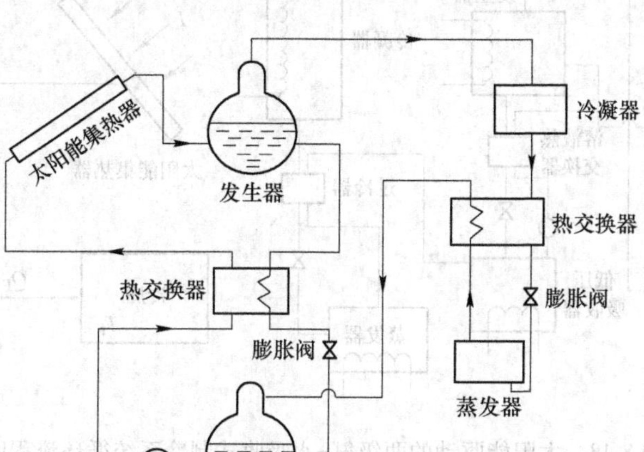

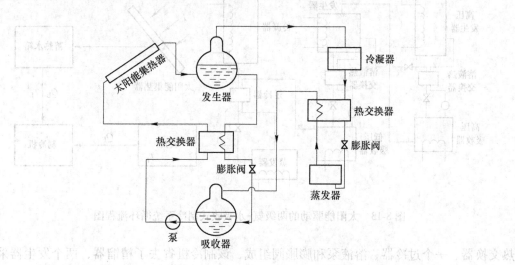

图 8-11 连续式太阳能驱动氨-水制冷系统循环流程图

目前太阳能驱动的连续式氨-水制冷系统主要有以下两种。

（1）太阳能驱动的单级氨-水吸收式制冷系统。图 8-12 所示是一套典型的太阳能驱动的单级氨-水吸收式制冷系统，作为单级氨-水吸收式系统，制冷机的效率在 0.4~0.6 之间，如果采用国内市场上的真空管/热管集热器，系统的集热效率在 0.3~0.4 之间，因此这种系统的 COP 大概在 0.12~0.24 之间。

（2）太阳能驱动的两级氨-水吸收式制冷系统。莫哈默德大学在 1990 年提出了一套太阳能驱动的两级氨-水吸收式制冷系统的方案，图 8-13 所示为系统的循环流程图。

该两级氨-水吸收式制冷机由两个发生器、两个吸收器、蒸发器、冷凝器、两个溶液

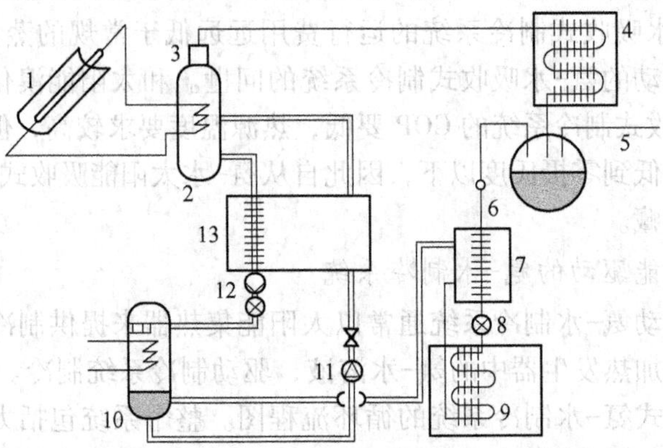

图 8-12　太阳能驱动的单级氨-水吸收式制冷系统

1—太阳能集热器；2—发生器；3—精馏器；4—冷凝器；5—补液装置；6—观察窗；7—过冷器；8—膨胀阀；9—蒸发器；10—吸收器；11—溶液泵；12—过滤器；13—溶液热交换器

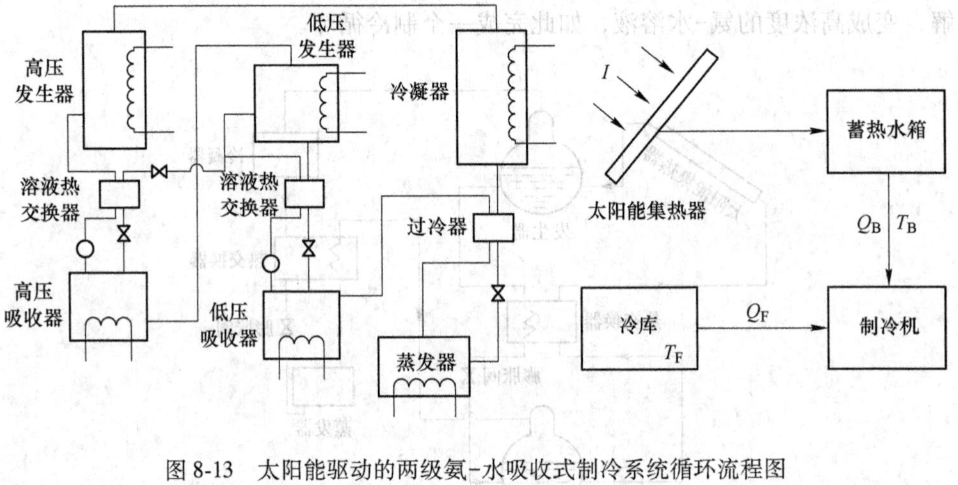

图 8-13　太阳能驱动的两级氨-水吸收式制冷系统循环流程图

热交换器、一个过冷器、溶液泵和膨胀阀组成，该制冷机省去了精馏器，两个发生器采用并联形式。太阳能制冷系统由平板型太阳能集热器、蓄热水箱、两级氨-水吸收式制冷机和冷库组成。

和同样情况下单级制冷系统相比，在相同条件下两级系统的 COP 要低 0.1。虽然性能有所下降，但是也应该看到两级制冷系统的发生温度要远低于单级制冷系统，同样条件下，两套系统计算得到的最佳发生温度相差 54℃。对于两级吸收式系统采用平板型集热器或者真空管/热管集热器就能满足太阳能制冷系统的要求。

B　间歇式太阳能驱动的氨-水制冷系统

图 8-14 所示是太阳能驱动的间歇式氨-水制冷系统的结构简图。整个系统由太阳能集热器，发生器/吸收器、精馏器、冷凝/蒸发器组成。太阳能集热器可以使用平板型集热器或者真空管/热管集热器；发生器/吸收器中储存空调系统制冷所需要的氨水溶液，并通过

自然对流来实现氨水溶液在集热器和发生器/吸收器之间循环；精馏器用来提高从储液罐中蒸发出来的氨气的浓度；冷凝/蒸发器在再生过程中起到冷凝器的作用，而在制冷过程中则起到蒸发器的作用。系统的运行过程分为再生过程、冷凝过程和制冷过程三部分，首先阀门 B、C、D 关闭，阀门 A 打开，利用太阳能直接加热发生器/吸收器中的氨水溶液，使氨蒸发并进入冷凝器，这一过程称为再生过程。当再生过程结束时，关闭阀门 A，氨气经过空冷或水冷的方式向周围环境放热并冷凝成液体储存在冷凝/蒸发器中。冷凝过程结束后，打开阀门 B，冷凝/蒸发器中的氨液开始蒸发并顺着管道流入发生器/吸收器，被其中的稀溶液所吸收，同时吸收外界的热量开始制冷。这样就完成了一个制冷循环。显然这种系统工作原理与吸附式制冷相似。

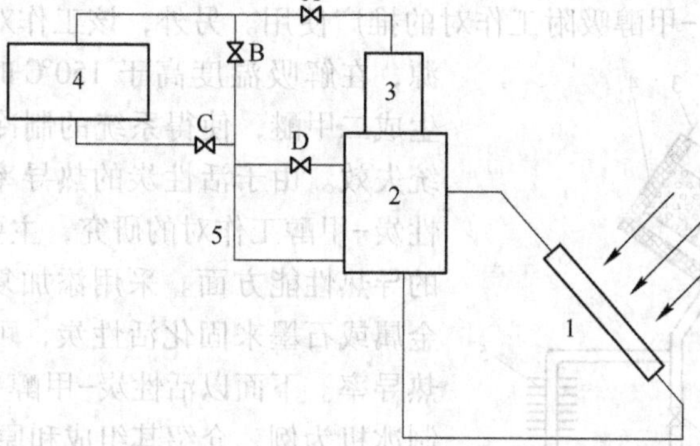

图 8-14 太阳能驱动的间歇式氨-水空调系统的结构简图

1—太阳能集热器；2—发生器/吸收器；3—精馏器；4—冷凝/蒸发器；5—制冷剂回流管；A~D—阀门

C 太阳能驱动的氨-水吸收式制冷系统的前景

可以看出，对于太阳能驱动氨-水吸收式制冷系统的研究主要集中在 20 世纪 70 年代初到 20 世纪 90 年代初之间，处在理论或实验研究阶段。相比近年来太阳能驱动的溴化锂—水吸收式空调系统的发展，太阳能驱动的氨-水吸收式制冷系统明显滞后，这和国内外企业致力于发展溴化锂-水吸收式空调系统有一定的关系，毕竟太阳能制冷系统的效率是由太阳能集热器的效率和制冷机的效率共同决定的。氨-水吸收式制冷机发展的落后使得其制冷系数不高，也限制了太阳能驱动的氨-水吸收式制冷系统的发展。太阳能驱动的氨-水吸收式制冷系统的重点应该放在小型化上，使用对象应该是热带地区的国家。在热带发展中国家的村庄中，针对其电力供应不足而太阳能十分丰富的情况，利用太阳能驱动的小型氨-水吸收式制冷系统可以有效地解决当地制冰和食品冷藏的问题。

8.2.2 太阳能吸附式制冷空调

太阳能吸附式制冷系统的制冷原理是利用吸附床中的固体吸附剂对制冷剂的周期性吸附、解吸附过程实现制冷循环。太阳能吸附式制冷系统主要由太阳能吸附集热器、冷凝器、储液器、蒸发器和阀门等组成。常用的吸附剂对制冷剂工质对有活性炭-甲醇、活性炭-氨、氯化钙-氨、硅胶-水、金属氢化物-氢等。太阳能吸附式制冷具有系统结构简单、无运动部件、噪声小、无须考虑腐蚀等优点，而且它的造价和运行费用都比较低。

8.2.2.1 活性炭-甲醇吸附式制冷系统

活性炭-甲醇是目前使用最为广泛的吸附工作对。主要原因在于活性炭-甲醇的吸附解吸量较大，所需的解吸温度不高（70~100℃左右），吸附热不太大（约1800~2000kJ/kg），而且甲醇的蒸发潜热较高。地面太阳辐射的低密度性，使得太阳能吸附式制冷系统吸附剂的解吸温度通常较低。由于活性炭-甲醇工作对所需的解吸温度较低，所以活性炭-甲醇工作对是目前太阳能吸附式制冷系统较为理想的制冷吸附工作对。比较活性炭和分子筛与水、甲醇以及其他吸附质的配对情况，发现采用活性炭-甲醇工作对的制冷系统COP最高。

活性炭-甲醇吸附工作对也有一定的局限性。首先是采用活性炭-甲醇吸附工作对的制冷系统工作在负压状态下，工作可靠性比压力系统差。其次，甲醇是有毒化学试剂，在一定程度上阻碍了活性炭-甲醇吸附工作对的推广使用。另外，该工作对不适合高温驱动热源，在解吸温度高于150℃时甲醇会发生分解，生成二甲醚，使得系统的制冷性能下降甚至使系统失效。由于活性炭的热导率很低，目前对于活性炭-甲醇工作对的研究，主要集中在提高活性炭的导热性能方面。采用添加复合金属粉末、泡沫金属或石墨来固化活性炭，可有效提高活性炭的热导率。下面以活性炭-甲醇平板式太阳能吸附式制冰机为例，介绍其组成和原理。

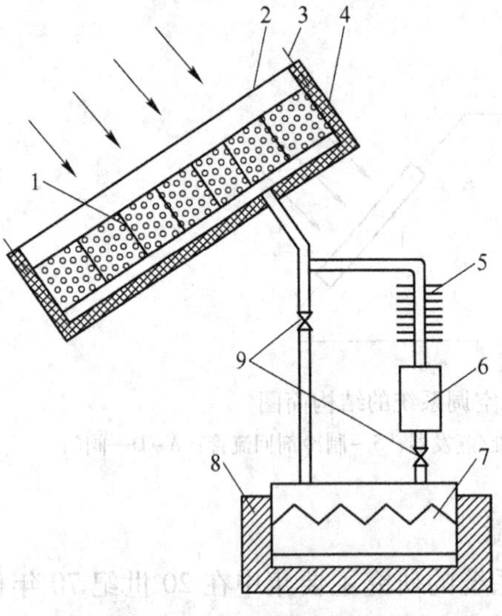

图8-15 太阳能吸附式制冰机装置

1—吸附床总成；2—玻璃盖板；3—吸附床风门；4—保温材料；5—冷凝器；6—储液器；7—蒸发器；8—冰箱外壳；9—真空阀门

平板式吸附制冷系统的特点是吸附床为平板式吸附集热器结构，吸附器与集热器的功能合二为一。由于平板式吸附集热器耐压能力较差，通常不适于在较高压力下工作，因此平板式吸附制冷系统多选用真空状态下工作的吸附工作对，如活性炭-甲醇等。平板式吸附制冷系统主要由四大部件即吸附床、冷凝器、蒸发器和节流阀构成。图8-15所示为一种典型的平板式太阳能吸附式制冰机的结构简图。

8.2.2.2 活性炭-氨吸附式制冷系统

采用这一工作对的吸附式制冷系统压力较高，如在40℃的冷凝温度时，氨的对应饱和压力约为16bar。此外，氨有毒并具有刺激性气味，与铜材料不相容，吸附热大约为1800~2000kJ/kg。压力系统中的轻微泄漏不会导致系统失效，并且与真空系统相比，压力系统相对不怕振动；压力有助于传热传质，可以有效缩短循环周期，而循环周期长正是此前活性炭-甲醇吸附系统的主要缺点之一；氨的蒸发制冷量大；该系统可以适应较高的热源温度。

8.3 太阳能干燥

从机理上说，干燥过程就是利用热能使固体物料中的水分汽化并扩散到空气中去的过程。对流太阳能干燥就是使被干燥的物料，或者直接吸收太阳能并将它转换为热能，或者通过太阳能集热器所加热的空气进行对流换热而获得热能，继而再经过以上描述的物料表面与物料内部之间的传热、传质过程，使物料中的水分逐步汽化并扩散到空气中去，最终达到干燥的目的。

以阳光是否直接照射在物料上，我们可以把太阳能干燥装置分为两大类，即温室型太阳能干燥装置和集热器型太阳能干燥装置。实际应用中还有两者结合的半温室型（或整体式）太阳能干燥装置，以及集热器与常规能源、集热器与储热装置、集热器与热泵等各种组合式的太阳能干燥装置。

8.3.1 温室型太阳能干燥装置

这种太阳能干燥装置实际上是具有排湿能力的太阳能温室，其原理如图 8-16 所示。这种干燥室的东、西、南墙及倾斜屋顶均采用玻璃或塑料薄膜等透光材料，太阳能透过玻璃进入干燥室后，辐射能转换为热能，其转换效率取决于物料表面及墙体材料的吸收特性。一般将墙体（或吸热板）表面涂上黑色涂料以提高对太阳能的吸收率。温室型干燥室一般为自然通风，如有条件也可以装风机实行强制通风，以加快干燥速度。此外在自然通风的情况下，若在干燥室顶部加了一段烟囱，可以增强通风能力，且烟囱越高，通风能力越强，如图 8-17 所示。

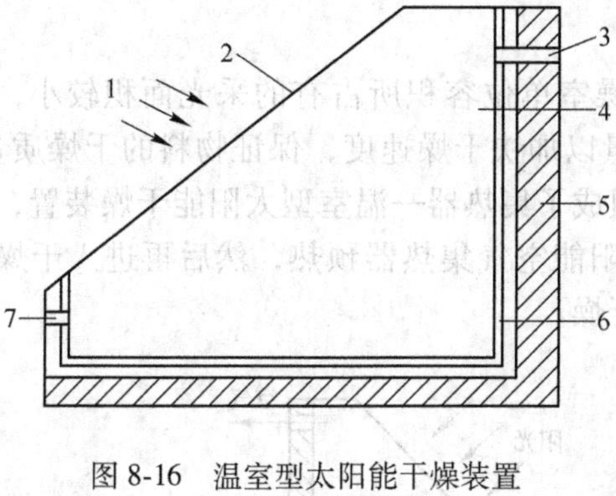

图 8-16 温室型太阳能干燥装置

1—太阳光；2—玻璃；3—排气口；4—干燥室；5—墙体；6—黑色涂层；7—进气口

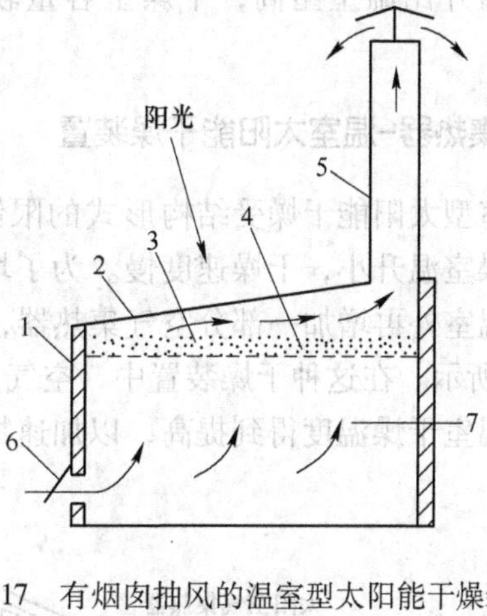

图 8-17 有烟囱抽风的温室型太阳能干燥装置

1—墙体；2—透明盖板；3—物料；4—物料架；5—烟囱；6—活阀；7—空气

温室型干燥室的优点是：结构简单造价低；可因地制宜，建造容易；操作简单；干燥成本低。

它的缺点是：干燥室温升小，昼夜温差大，干燥速度慢；干燥室容量小；占地面积比同容量的常规干燥室大。

因此，温室型太阳能干燥器的适用范围是对干燥速度和终含水率要求不高的物料，以及允许接受阳光曝晒的物料。

8.3.2 集热器型太阳能干燥装置

集热器型太阳能干燥装置是由太阳能空气集热器与干燥室组合而成，其设备组成如图

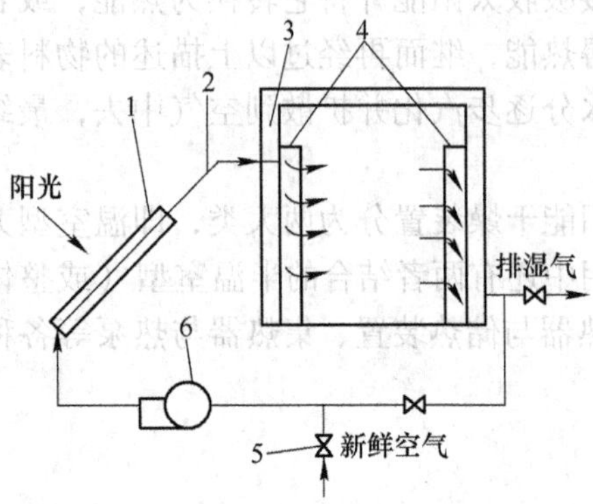

图 8-18　集热器型太阳能干燥装置
1—空气集热器；2—风管；3—加热器；
4—主风管；5—风阀；6—风机

8-18 所示。这类干燥装置是利用太阳能空气集热器把空气加热到预热温度后，通入干燥室进行干燥作业的。利用太阳能集热器加热空气，一般来说有空气型集热器和热水型集热器两种。前者以空气为载热介质，直接吸收太阳辐射能量；后者是使用太阳能热水器加热水后，通过换热器加热空气。前者的热效率比较高，但工作温度易受太阳能辐射变化影响，波动性大；后者的热效率比较低，成本高，但可利用储热装置储存热量，系统工作比较稳定。在实际运用的集热器型干燥装置中，大多数采用空气集热器加热空气。

集热器型干燥装置中，干燥室的形式以结构特征来划分有箱式、窑式、流动床式和固定床式等。目前，窑式和固定床式比较多。

从操作系统来看，此类型太阳能干燥装置可以比较好地与常规能源干燥装置和蓄热装置相结合，用太阳能全部或部分地代替常规能源。而且集热器型的集热器布置灵活，干燥室内的温升比温室型高，干燥室容量较大。但集热器型比温室型投资大，干燥成本高一些。

8.3.3　集热器-温室太阳能干燥装置

温室型太阳能干燥受结构形式的限制，干燥室单位容积所占有的采光面积较小，因此，干燥室温升小，干燥速度慢。为了增加能量以加快干燥速度，保证物料的干燥质量，通常在温室外再增加一部分空气集热器，这就组成了集热器—温室型太阳能干燥装置，如图 8-19 所示。在这种干燥装置中，空气先经太阳能空气集热器预热，然后再进入干燥温室，使温室干燥温度得到提高，以加速物料的干燥。

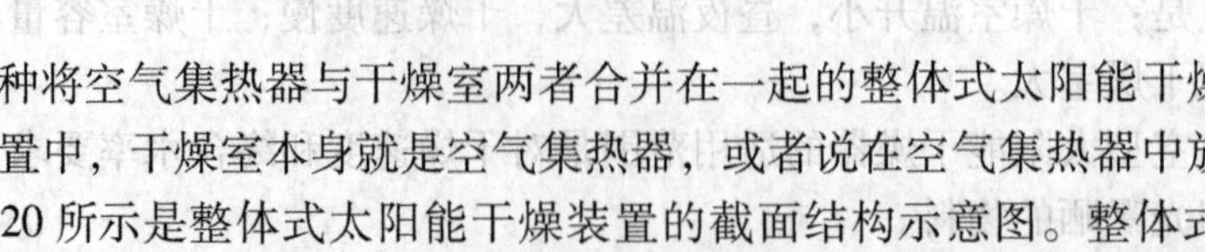

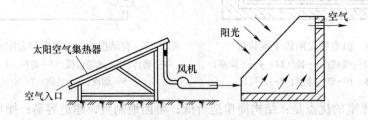

图 8-19　集热器-温室型太阳能干燥装置

另外还有一种将空气集热器与干燥室两者合并在一起的整体式太阳能干燥装置。在这种太阳能干燥装置中，干燥室本身就是空气集热器，或者说在空气集热器中放入物料而构成干燥室。图 8-20 所示是整体式太阳能干燥装置的截面结构示意图。整体式干燥装置的特点是结构紧凑、干燥室的高度低，空气容积小，每单位空气容积所占的采光面积是一般温室型干燥装置的3~5 倍，所以热惯性小，空气升温迅速，具有成本较低和热效率较高的优点。

8.3.4 连续干燥作业的各种组合式太阳能干燥装置

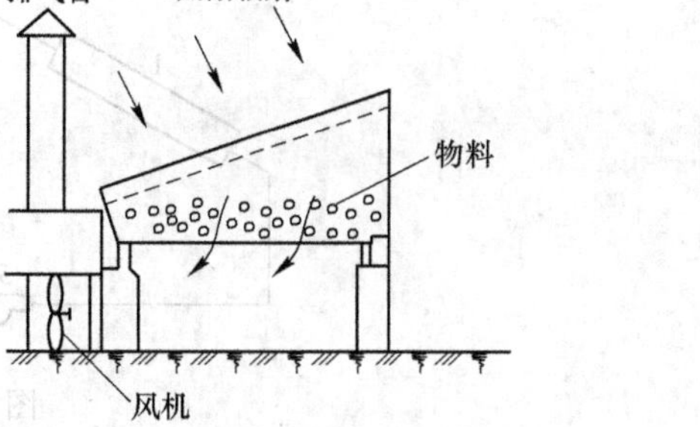

图 8-20 整体式太阳能干燥装置

太阳能是间断的多变能源，为了解决供热波动性的问题，一般采用太阳能与常规能源或其他供热方式结合。目前，应用较普遍的常规能源为燃煤或其他燃料。以煤为例，采用锅炉产生的蒸汽或烟气，通过热交换器和太阳能一起组成干燥室的供热的系统。晴天利用太阳能干燥，夜间或阴雨天用锅炉辅助供热。在电价便宜、电能丰富的地区，也可以用电能作辅助能源，因为电加热器可以随着天气变化迅速地投入运行或关闭，适应性强，在水电资源丰富、季节性干燥作业较多的地区比较适宜。另外还可采用各种不同的蓄热措施，来减少干燥室供热波动性的问题，目前使用较多的是卵石蓄热装置。图 8-21 所示为太阳能与常规能源及储热装置结合的示意图。图 8-22 所示为温室型太阳能干燥室与储热装置结合的示意图。

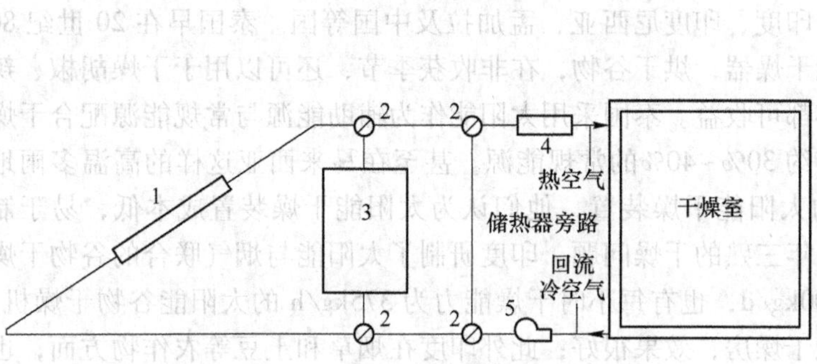

图 8-21 太阳能与常规能源及储热装置结合

1—集热器；2—三通风门；3—卵石床储热装置；4—辅助能源；5—风机

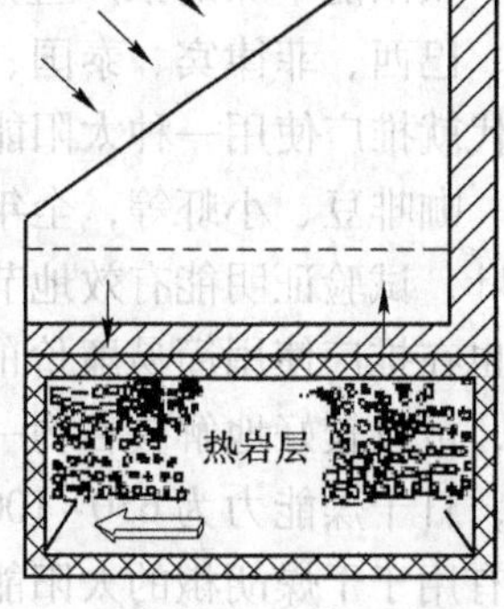

图 8-22 温室型太阳能干燥室与储热装置结合

此外还可以利用空调供热的原理，采用太阳能与热泵联合干燥装置。图 8-23 所示为太阳能与热泵联合干燥装置示意图。热泵的主要部件是压缩机、蒸发器、膨胀阀和冷凝器。热泵依靠蒸发器内的制冷工质在低温下吸取环境的热能，经压缩机在冷凝器处于高温下放出热量，供应干燥室的空气经热泵的冷凝器加热后，提高了空气的温度，即提高了干燥效率。热泵供热比电加热器供热效率一般高 2 倍以上，热泵系统的节能率取决于使用环境的温度和湿度。在气温高，湿度大的地区，节能明显，而在寒冷干旱地区则效果差。

8.3.5 太阳能干燥技术的应用概况

8.3.5.1 国外应用概况

利用太阳能干燥技术的研究和推广应用工作，已在世界上许多国家展开，研究工作主要在发达国家如美国、英国、法国、德国、加拿大、澳大利亚、新西兰和日本等国。早在 20 世纪七八十年代，美国、德国、英国、法国等发达国家就在本国和一些发展中国家建

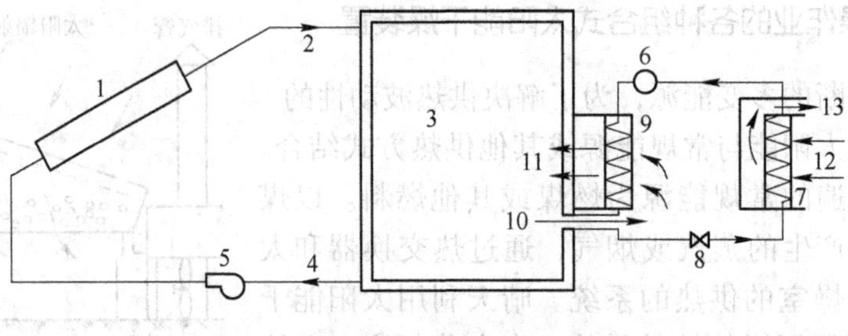

图 8-23 太阳能与热泵联合干燥装置

1—集热器；2—热空气；3—干燥室；4—回风；5—风机；6—压缩机；7—蒸发器；8—膨胀阀；9—冷凝器；10—来自干燥室的湿空气；11—经冷凝器的干热风；12—外界空气；13—排出冷风

立了不同规模的太阳能干燥试验装置，初期以小型为主，也有较大规模的太阳能干燥系统。在美国太阳能干燥设备已有一定批量的商业性生产，受到小型干燥用户的欢迎。印度、泰国、印度尼西亚等国也有小批量的商业性应用，然而在欧洲商业性的太阳能干燥室则较少。

太阳能干燥的推广应用大部分在热带和亚热带国家如南非、斐济、乌干达、尼日利亚、巴西、菲律宾、泰国、印度、印度尼西亚、孟加拉及中国等国。泰国早在 20 世纪 80 年代就推广使用一种太阳能干燥器，烘干谷物，在非收获季节，还可以用于干燥胡椒、辣椒、咖啡豆、小虾等，全年都可收益。泰国采用太阳能作为辅助能源与常规能源配合干燥烟叶，试验证明能有效地节约 30%~40%的常规能源。甚至在马来西亚这样的高温多雨地区也在推广使用简易廉价的太阳能干燥装置，他们认为太阳能干燥装置成本低，易于制造，可以较好地解决谷物一年三熟的干燥问题。印度研制了太阳能与烟气联合的谷物干燥机，日干燥能力为 650~1000kg/d，也有每小时干燥能力为 375kg/h 的太阳能谷物干燥机；还有用于干燥胡椒的太阳能干燥房，效果很好；此外印度在烟草和土豆等农作物方面，也在推广太阳能干燥技术。印度尼西亚的太阳能干燥装置多数为温室型，也有用木屑作燃料加热水作辅助能源的组合干燥装置，干燥对象主要是谷物等农作物。

目前世界上各国太阳能干燥木材的应用规模都很小，大多数为简易的温室型太阳能干燥室。据不完全统计，目前世界上大约有 300 余个以太阳能为能源的木材干燥室，其中中国有近 20 个。

无论国内外，早期的太阳能干燥装置多数为温室型、半温室型或规模较小的集热器型。大型太阳能干燥装置基本上都是集热器型，而且都与常规能源结合以保持干燥过程的连续性。

据相关资料报道，国外已建成一批采光面积超过 $500m^2$ 的大型太阳能干燥器，其中美国四座、印度两座、阿根廷一座。这标志着太阳能干燥在世界上已经进入生产应用阶段。由于全球的能源和环境问题日益突出，太阳能干燥技术的应用近十年来有较大的发展。

纵观国际太阳能干燥技术的推广应用情况有以下几个特点：

（1）太阳能干燥对象以谷物、烟草、水果等农副产品为主，其次是木材干燥。

（2）太阳能干燥的发展方向是提高太阳能干燥装置的热效率和降低成本。

（3）注重实用性，尽量使用廉价材料。例如以干沙做吸热体，用塑料薄膜做透光材料。

（4）许多国家对太阳能、风能等新能源的开发和推广应用都有相应的鼓励和扶持政策。例如在瑞典对节能干燥技术有15%的财政资助。德国、美国、澳大利亚、日本及印度尼西亚等国，对太阳能干燥实行免税、减税、补贴、无息或贴息贷款等优惠措施。

8.3.5.2 国内应用概况

我国太阳能干燥技术应用研究起步较晚，20世纪80年代以前，我国只有4座太阳能干燥装置，总采光面积仅有183m²，但在八十年代以后温室型太阳能干燥装置发展较快，由于这种干燥装置结构简单，造价低廉，在山西、河北、河南、北京、广东等地的农村很快发展起来。20世纪80年代中期，我国已有70余座太阳能干燥装置，采光面积超过5000m²。尤其在山西省，建成了10多座这种类型的干燥器，面积超过1000m²，用于干燥红枣、黄花菜、棉花等。但20世纪90年代中后期，相关报道几乎见不到，究其原因主要有：（1）由于当时社会各界对节能与环境保护的重视力度不够，且我国农产品加工业尚处于起步阶段，对太阳能干燥农产品的需求不大，因而此项研究工作的进展减缓，至今大多数农产品干燥未能产业化；（2）我国太阳能丰富地区往往是经济落后、科技不发达地区，缺乏开发太阳能干燥装置的资金和技术支持；（3）人们对产品质量重视不够，且不同质量的产品价位差不大，缺乏改善产品质量的动力；这就使得20世纪90年代对太阳能干燥技术的研究应用进入低谷。近十年来由于能源、环境形式的影响，我国太阳能干燥技术的应用又有了较大的发展，除了开展如谷物杂粮类、果品类、蔬菜类以及木材的太阳能干燥实验和应用研究外，还进行了如中草药、茶叶、鲜花、植物叶片、食品（如鱼、腊肠等）、天然橡胶、污泥、唐三彩等物质的干燥工艺的研究和干燥设备的开发与研制，并取得了一些科研成果，有的已经将这些新技术投放市场，进入了技术应用的推广阶段。通过与传统的干燥方法（如阳光下晾晒、用常规能源加热烘烤等）的干燥质量相比可以很明显地看出，用太阳能干燥器干燥的物料质量高，成品率高，颜色美观，如采用太阳能干燥房与地垄大坑复合干燥后的人参不脱皮，内芯棕红，外表呈花生皮色，整体形象完美，块体含水率达到18%。与采用以往方法干燥的白枝须参相比，外销验等高出1个等级。干燥质量的提高使中草药的价格直线攀升，而且扩大了出口的份额，增强了国际竞争能力。太阳能干燥技术设备应用于食品和植物的深加工中，可以有效地防止菌虫对物料的侵害和变质变色现象的发生，有效地保持了物料原有的优良品质，也避免了因为干燥加工而造成的二次污染（如灰尘等污染物的污染）。

从太阳能干燥装置的规模而言，我国的太阳能干燥装置多数是采光面在200m²以下的中小型，尤其以小型居多。目前已知最大的太阳能干燥装置是采光面积为650m²的太阳能腊味干燥装置，其次是620m²的大型太阳能干燥示范装置，以及采光面积为500m²的东连县糖果厂的太阳能干燥装置。如果把溶液脱水过程同固态物料脱水同样看待的话，广东省江门农药厂兴建的太阳能农药干燥装置，太阳能采光面积达3000m²，应属世界上少有的大型太阳能干燥装置。

近20年来，我国太阳能干燥应用研究和其他太阳能热利用一样。经历过一个由浅入深、由简单的小试到较完善的生产试验过程而发展起来的。据不完全统计，到目前为止，已建各种类型的太阳能干燥装置200多座，总采光面积近20000m²，广泛地应用于工农业生产的干燥作业，取得了较好的经济效益和社会效益。据不完全统计，在这些项目中获得科研成果奖的有 11 项。其中获国家级科学进步奖 2 项，获省部级和中国科学院成果奖、科技进步奖和贡献奖 7 项。

8.3.5.3　太阳能干燥的优势与局限性

A　太阳能干燥的优势

太阳能干燥与自然晾晒（大气干燥）相比其主要优势是能较大幅度地缩短干燥时间和提高产品质量。

对于产品质量问题，在过去并不引起人们的关注，这主要是因为在过去不同质量的产品其价位差很小，人们对健康问题不太注重。各种太阳能干燥装置都采用专门的干燥室，可避免灰尘、忽然降雨等污染和危害，又由于干燥温度较自然干燥高，还具有杀虫灭菌的作用。

太阳能干燥装置与采用常规能源的干燥装置相比具有以下优势：

（1）节省燃料。有资料估算，干燥 1t 农副产品，大约要消耗 1t 以上的原煤，若是烟叶则需耗煤 2.5t，据统计我国烟叶年产量约为 420 万吨，目前大多采用农民自制的土烤房进行干燥，能耗很大，若采用太阳能干燥则节能效果非常明显。我国河南省长葛县在 20 世纪 70 年代末对太阳能烤烟的试验中能有效节约 25%~30%的常规能源。

（2）减少对环境的污染。我国大气污染严重，这主要源于煤、石油等燃烧后的废气和烟尘的排放，采用太阳能干燥工农业产品，在节约化石燃料的同时，又可以缓解环境压力。

（3）运行费用低。就初投资而言，太阳能与常规能源干燥二者相差不大。但是在系统运行时，采用常规能源的干燥设备其燃料的费用是很高的，如某果品食品开发有限公司购买了一台采用燃煤的干燥设备，价值 10 余万元，一次可干燥 800kg 梅子，但须耗煤 900kg。若采用太阳能干燥，设备投资（初投资）二者相差不大，但太阳能干燥除风机消耗少量电能外，太阳能是免费的。即使太阳能干燥不能完全取代采用常规能源的干燥手段，通过设计使二者有机结合，使太阳能提供的能量占到总能量消耗的较大比例，同样可节约大量运行费用。

此外，太阳能干燥装置各部分工作温度属中低温，操作简单、安全可靠。

B　太阳能干燥的局限性与影响推广的原因

（1）太阳能是间歇性能源，能源密度低、不连续、不稳定；单独使用太阳能时，干燥室温度低、波动大、干燥周期长。

（2）简易太阳能干燥虽投资少，但容量小，热效率低；而大中型的投资大、占地面积大。

（3）太阳能干燥常需要与其他能源联合，如太阳能-热泵，太阳能-蒸汽，及太阳能-炉气等形式，使干燥设备的总投资增加。

（4）迄今尚未解决太阳能的低成本的有效储能问题，一般常用的岩石、卵石储能及水箱储热等，效果都不太好，且占地面积大。

（5）我国对太阳能干燥缺乏政府的政策支持和宣传力度。目前我国的《中华人民共和国可再生能源法》只制定了对太阳能“上网电价”的支持政策，对太阳能热利用产业发展没有具体政策规定。

(6) 目前生产企业习惯用传统的干燥设备，节能和环保的意识较差。

8.3.5.4 太阳能干燥技术的应用前景与几点建议

A 太阳能干燥的应用前景

虽然太阳能干燥技术的推广应用还存在不少问题，但由于全球面临的能源与环境问题日益严重，太阳能作为一种清洁丰富的可再生能源不可忽视。我国在太阳能热水器的推广应用方面已见成效，目前我国是世界上生产太阳能热水器最多的国家。预计今后我国在太阳能干燥技术的应用方面也会有一定的发展，特别是一些小型、简易的太阳能干燥室，在太阳日照条件好而经济又欠发达的偏远地区，有较好的应用前景。

我国是农业生产和出口大国之一，农产品及生物资源丰富，物种多样，特别是在广大的西部地区。为了促进地方经济的发展，将本地区具有资源优势及开发利用前景的农产品，生物资源产品作为地方支柱产业发展，因而近年来，农副产品及生物资源产品加工业发展迅速。但随着我国加入 WTO 和人们对产品质量和食品卫生问题的关注，现有的农副产品加工技术含量低，产品质量不高，产品附加值低，从而导致产品缺乏市场竞争力，难以形成支柱产业。产品干燥是加工过程中的一个重要工艺过程，目的是除去物料中多余的水分，以便于产品加工、运输、储藏和使用。采用常规能源干燥农产品，投资大，需消耗大量能源，致使农产品成本增高，并造成不同程度的环境污染。一般农产品要求的干燥温度比较低，大约在 40~55℃之间，正好与太阳能热利用领域中的低温热利用相匹配，并且能缩短干燥周期，提高产量质量，因此我国应用太阳能干燥农副产品，具有广阔的发展前景。

太阳能应用于木材干燥方面有两种倾向：对于偏远地区的小型木材加工厂，适于发展简易的温室型、半温室型或小规模集热器型的太阳能干燥装置；对于中、大型木材加工企业，适于发展材积为 50~100m^3 大型太阳能干燥装置，而且将太阳能干燥作为预干，即高含水率阶段用太阳能干燥，低含水率阶段用常规干燥。在气温高、湿度大、电价适中（如小于等于 1 元/kW·h）的地区，适于采用太阳能与热泵联合干燥。

B 几点建议

太阳能在干燥行业的应用应该引起足够的重视。太阳能适于一些物料中、低温干燥，也适于高温干燥物料的预干。

增加科研投入，不断提高太阳能干燥的供热效率，降低干燥成本。据有关资料报道，我国与国际水平的差距主要在透光材料和吸热板的涂层工艺方面，虽然清华大学和中国科学院等单位，已在某些方面取得了显著的成绩，但主要集中在太阳能热水器方面，对太阳能干燥的研究投入太少。

希望我国政府对太阳能干燥给予政策上的鼓励与扶持，增加一些经费投入并加大宣传力度。实际上太阳能是符合中国国情的可再生能源，应大力推广应用。

8.4 太阳能工业用热

工业领域消耗的能源在整个社会消耗的能源中占有很大的比重，在工业化国家甚至已达到 30%左右，成为国民经济中能源消耗的第一大户。然而，目前世界各国开发利用的太阳能都主要集中在提供生活热水、建筑物采暖和游泳池加热等，在工业领域的应用还只局限在很小的范围。

我国太阳能热利用的情况也基本如此，已安装的太阳能集热器绝大部分都用于各种类型的家用太阳能热水器和大中型太阳能热水系统，用于工业加热的实例及其报道还只是凤毛麟角。

太阳能之所以在工业领域目前应用尚少，究其根本原因在于太阳能工业加热系统具有自身的特点，与太阳能热水系统、太阳能采暖系统和太阳能游泳池加热系统等相比，有许多不同之处。太阳能工业加热系统的特点可以归纳为以下几个方面：

(1) 许多工艺过程要求系统有较高的加热温度。在工业领域内，除了一般清洗工艺及生产厂房采暖只需要较低的加热温度之外，许多工艺过程都需要 80℃以上，有些工艺过程甚至需要 100~250℃，这就要求太阳能系统必须采用中温太阳能集热器。

(2) 要求太阳能系统有可靠的运行。在所有工业生产企业，都必须确保生产过程可靠、连续，有的还必须确保全天候运行，这就要求太阳能系统不仅有可靠运行的太阳能集热器，还应与常规能源加热设备配套，并有可靠的控制系统。

(3) 要求太阳能系统与生产工艺过程集成。不同的生产工艺过程有不同的加热需求，包括不同的时段、不同的温度、不同的功率等，这就要求太阳能系统必须与生产工艺过程集成，满足生产的实际需求。

(4) 要求太阳能系统有合理的投资回收期。凡是工业生产企业，总是把经济效益放在第一位。所以所有投资的太阳能系统都应有适当的成本及合理的回收期，这就要求太阳能系统必须综合考虑技术经济指标。

针对这些特点，世界各国太阳能界都在为太阳能在工业领域的应用积极努力，并已取得了初步的成果。

8.4.1　太阳能工业加热的潜在应用领域

现今，太阳能工业加热系统总计安装太阳能集热器 38500m^2，应用范围涉及多个工业领域。涉及有关太阳能用热的潜在工业领域及工艺过程列于表 8-4。

表 8-4　太阳能用热的潜在工业领域及工艺过程

工业领域	工艺过程	温度范围/℃	工业领域	工艺过程	温度范围/℃
食品饮料工业	干燥	30~90	石油化学工业	原油加热	70~80
	热处理	40~60		煮沸	95~105
	清洗	40~80		蒸馏	110~300
	消毒	80~110		各种化学过程	120~180
	煮沸	95~105	交通运输行业	车辆清洗	70~80
	杀菌	140~150		水泥养护	70~90
纺织印染工业	清洗	40~80		沥青加热	100~180
	漂白	60~100	所有工业领域	厂房采暖	30~80
	印染	100~160		锅炉水预热	30~100

从表 8-4 可见，太阳能用热的潜在工业领域及工艺过程，不仅包括食品饮料工业、纺织印染工业、石油化学工业、交通运输行业中有些工艺过程等，还包括所有工业领域的厂房采暖和锅炉水预热等。表 8-4 表明，在这些工业领域中，除了清洗、干燥和热处理等一些工艺过程以外，还有厂房采暖和锅炉水预热都只需要 80℃以下的温度，采用普通的低温太阳能集热器基本上可满足要求。但是，这些工业领域的许多工艺过程，诸如消毒、煮沸、杀菌、漂白、印染、蒸馏、各种化学过程及沥青熔化等都需要 80℃以上的温度，有的甚至需要 100~250℃的温度，这就需要开发和利用中温太阳能集热器。

8.4.2 中温太阳能集热器的开发和利用

如上所述，从已调查的太阳能工业加热领域来看，许多工艺过程都需要 80℃以上，有些工艺过程甚至需要 100~250℃。这样的温度范围是低温太阳能集热器（如普通的平板集热器）所不能达到的，只有利用中温太阳能集热器才能达到。从目前研究开发的状况来看，中温太阳能集热器主要有复合抛物面集热器、槽形抛物面聚光集热器。

8.4.2.1 复合抛物面集热器

复合抛物面聚光器（compound parabolic concentrator，简称 CPC）是一种根据边缘光学原理设计的非成像聚光器，由两片槽形抛物面和渐开面组成的聚光镜构成。CPC 可将给定接收角范围内的入射光线按理想聚光比收集到接收器上，由于有较大的接收角，因而在工作时只需作季节性调整，无须连续跟踪。它可达到的聚光比一般在 10 以下，当聚光比小于 3 时，可做成固定式 CPC。CPC 不但能接收直射太阳辐射，还能很好地接收散射辐射，对聚光面型加工精度要求不是很严格，又无须跟踪机构，有着广泛的应用前景。

CPC 作为聚光器在太阳能集热中已得到广泛关注和应用。根据 CPC 在集热管中的位置可分为 CPC 外聚光式集热器和 CPC 内聚光式集热器（集热管），如图 8-24 所示。

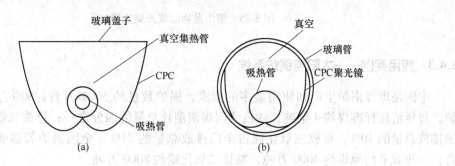

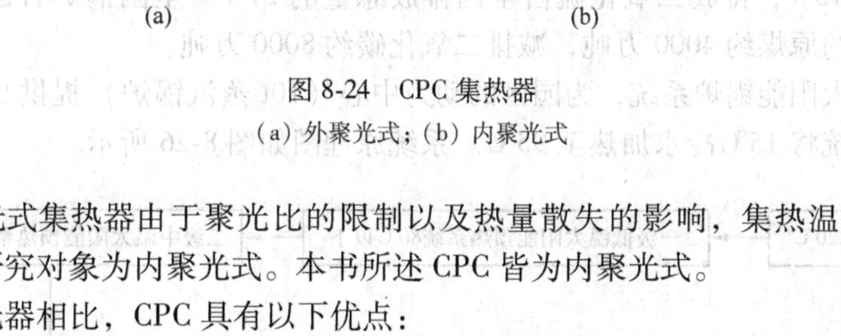

图 8-24 CPC 集热器

(a) 外聚光式；(b) 内聚光式

CPC 外聚光式集热器由于聚光比的限制以及热量散失的影响，集热温度一般不会很高，所以一般研究对象为内聚光式。本书所述 CPC 皆为内聚光式。

与其他聚光器相比，CPC 具有以下优点：

（1）运行不需要随时跟踪太阳位置，只需根据季节调节方位，当聚光比在 3 以下时可做成固定式装置。

（2）可以接收直接太阳辐射和部分散射辐射，并能接收一般跟踪聚光器所不能接收的太阳周围辐射。

（3）结构简单，操作、控制方便。

（4）由其组成的聚光集热器工作温度范围为 80～250℃，是具有一定特色的中温聚光集热器。

（5）由其组成的 CPC 式真空集热管可应用于槽式太阳能热发电中，起到二次反光的效果，工作温度可达更高。

8.4.2.2　槽形抛物面聚光集热器

由真空集热管和小型抛物槽式反射镜组成的集热器，可以将运行温度提高到 250℃，是中温太阳能集热器中最具有发展前景的一种。据报道，德国、奥地利、西班牙、澳大利亚等国已研制出多种小型抛物槽式真空管集热器。这些集热器尺寸不同，形式各异，但都需要跟踪装置。按真空管的安装位置，可分为东西向安装和南北向安装两类；按抛物槽式反射镜的跟踪方向，可分为高度角跟踪和方位角跟踪两类。这些小型抛物槽式真空管集热器的运行温度一般为 100～200℃，有的还可达到 250℃以上。槽形抛物面聚光集热器如图 8-25 所示。

图 8-25　槽形抛物面聚光集热器

8.4.3　应用实例——太阳能锅炉系统

中国是世界锅炉生产和使用最多的国家，锅炉数量约 50 多万台，80%左右为燃煤锅炉，每年消耗标准煤约 4 亿吨，约占我国煤炭消耗总量的四分之一；排放二氧化碳约占全国排放总量的 10%，排放二氧化硫占全国排放总量的 21%。全国锅炉若都能与太阳能结合，一年就节约原煤约 4000 万吨，减排二氧化碳约 8000 万吨。

力诺园区太阳能锅炉系统，为园区的动力中心（10t 蒸汽锅炉）提供 95℃热水，利用中温太阳能系统将 15℃冷水加热至 95℃。系统原理图如图 8-26 所示。

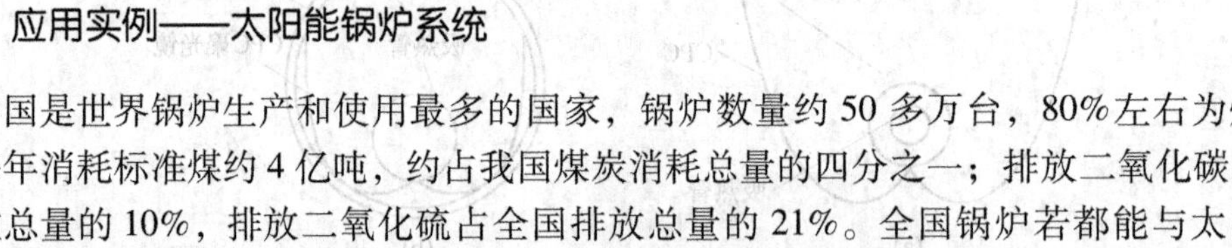

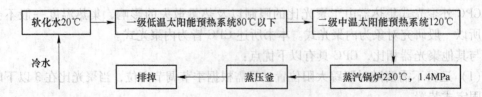

图 8-26　太阳能锅炉系统原理图

8.5 太阳能热发电

8.5.1 概况

能源短缺、资源枯竭、环境污染等问题已严重影响人们的生活和制约社会的发展。各国竞相开展水能、风能、地热能、生物质能、潮汐能、太阳能等清洁和可再生能源的应用研究。尤其是太阳能的应用研究最为广泛。太阳能作为一种洁净的、取之不尽的能源在能源结构中所占的比例将会越来越大。太阳能热发电不仅可以发出电力，还可以同时实现供热、制冷，构成热、电、冷联产。

能源的相对短缺及其在能源开发与利用过程中的低效率及所造成的环境污染正成为我国经济与社会可持续发展的重要制约因素。目前就全国而言，急需发展低成本的、方便的新能源，以适应不同地区的需要，节约能源，减少污染。太阳能的应用在发达国家已经发展得比较成熟了，我国更应该大力推行太阳能在日常生活中的使用，以便节约化石燃料，节约电力满足正常的生产、生活需求。

太阳能发电种类很多，目前，较为成熟的有太阳能光伏发电和太阳能热发电。太阳热发电系统由集热系统、热传输系统、蓄热储能系统、热机、发电机等组成。集热系统聚集太阳能后，经过热传输系统将聚集的太阳热能，传给热机，由热机产生动力，带动发电机来发电，整个系统的热源来自于太阳能，所以称之为太阳能热发电系统。

按聚光形式不同，太阳能热发电可分为塔式太阳能热发电、碟式太阳能热发电和槽式太阳能热发电。

8.5.2 塔式热发电系统

塔式太阳热发电系统是利用定日镜跟踪太阳，并将太阳光聚焦在中心接收塔的接收器上，在接收器上将聚焦的辐射能转变为热能，加热工质，驱动汽轮发电机发电。定日镜由微机控制跟踪太阳，实现最佳聚焦。塔式太阳热发电系统聚光比可达 300~1500，运行温度可达 1500℃。经定日镜反射的太阳能聚集到塔顶的吸热器上，加热吸热器中的传热工质；蒸汽产生装置所产生的过热蒸汽进入动力子系统后实现热功转换，完成电能输出。该系统主要由聚光集热子系统、蓄热子系统和动力子系统三部分组成，系统原理如图 8-27 所示。

塔式太阳热发电系统的设计思想是 20 世纪 50 年代前苏联提出的。世界上第一座并网运行的塔式太阳能热电站是在 1981 年由法国、原联邦德国和意大利联合建造的。该系统安装在意大利的西西里岛，采用了 182 个聚光镜，镜场总面积为 620m^2，采用了由硝酸盐组成的蓄热器。其额定功率为 1MW，蒸汽温度为 512℃，热功率为 4. 8MW。第一个 10MW 的塔式太阳能热电站于 1982 年在美国加利福尼亚州南部建成，该装置称为太阳 1 号，它总共占地 291000m^2，中央接收器位于 90. 8m 高的塔顶，产生 518℃的高温蒸汽。每块定日镜都安装在台梁上，通过小功率电动机和齿轮箱可改变定日镜的方位，进行双轴跟踪，电动机接收来自中央控制计算机的信号，使定日镜随时跟踪太阳，并将阳光反射聚集到塔顶的接收器上。

太阳 1 号的最大峰值输出为 11700kW，年平均效率低于 6%，未达到 8. 2%的原设计

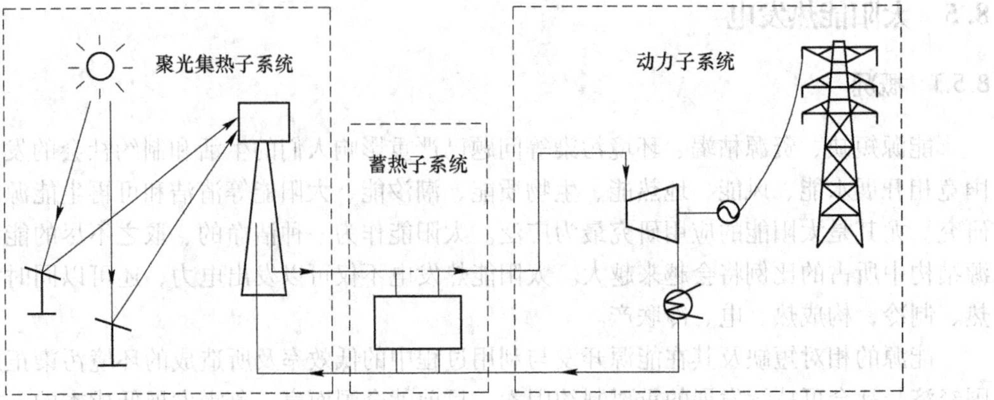

图 8-27　塔式太阳热发电系统

要求。效率低的原因是：电站自身用电量太大；电站的装机容量小，不可能采用更有效的再热式蒸汽轮机，原设计过高地估计了实际的有效日照量，也没有考虑到镜面清洁问题。太阳 1 号后来被改造为太阳 2 号电站。太阳 2 号电站的参数如下：192 块定日镜，熔盐蓄热系统，300 英尺（1 英尺 = 0.3048m）的中央吸热器，耗资 4000 万美元，并网试验运行到 1998 年。熔盐由质量分数为 60% 硝酸钠和 40% 的硝酸钾组成，700℃时熔融，接近 1000℃时成为液态。目前太阳 2 号正在改进为太阳 3 号，增加了定日镜数和熔盐接收器，目的是能够实现 24h 连续运行。塔式热发电的实物图如图 8-28 所示。

图 8-28　塔式热发电系统

塔式太阳能热发电的主要技术表现在以下几个方面：

(1) 定日镜。定日镜是塔式系统中投资最大的部件，它不仅数量多，占地面积也很大。美国太阳 2 号电站的定日镜建造费用占整个电站的造价的 50% 以上。因此降低定日镜的造价对整个电站工程投资至关重要。现在国际上在其光学性能，结构和造价方面投入重要力量研究。美国先进的定日镜单块面积已达到 $150m^2$；科学应用国际公司的定日镜为

170m^2；德国 Steimuller 的定日镜为 150m^2。中国科技大学陈天应教授发明了“陈式曲面镜”，其表面是高次曲面，能有效地消除太阳光斑的像差，比传统几何镜面的聚光倍数大幅提高，但其加工技术和成本较高，大型化难度较大。此外，中国科学院电工研究所与皇明太阳能公司等单位合作，通过采用复合蜂窝技术，研制出了超轻型结构的反射面，解决了使用平面玻璃制作曲面镜的问题。

（2）控制系统。控制系统能够使定日镜实现不同时刻的太阳直接辐射全部反射到同一个位置。目前广泛采用的是“开环”方式，从太阳1号到2005年的PS10均采用了这种控制方式。而以程序控制为主的，采用传感器的瞬时测量值作反馈的“闭环”控制系统近年来也得到广泛的关注。南京玻璃纤维研究院春辉公司研制的定日镜采用程序定位与传感器校正相结合的技术，实现了无积累误差的准确定位，并在我国首座70kW塔式太阳能热发电系统中得到成功应用，达到比较好的定位效果。另外，近年来 Abraham Kribus 等人提出了采用图像处理来实现定日镜跟踪定位的方法。

（3）接收器。接收器是系统的核心部件，其功能是将太阳能转化为工作流体的热能。其设计主要取决于流体的工作温度和压力范围、辐射通量。目前接收器主要有外露式和空腔式两种。空腔式接收器的工作原理是众多棒管束围成具有一定开口尺寸的空腔，阳光从空腔开口入射到空腔内部管壁上，在空腔内部进行换热。这种空腔型接收器的热损失可以降至最小，适合于采用现代高参数的汽轮机发电循环。外部受光型接收器的工作原理是众多排管束围成一定直径的圆筒，受热表面直接暴露在外，阳光入射到外表面上进行换热。和空腔型进行比较，其热损失要大些。但这种结构形式的接收器可以更容易接收镜边缘上定日镜的反射辐射，因此它更适合于大型塔式太阳能热发电系统。早期的高压接收器样机的功率为10kW，直径130m，运行温度最高可达到1000℃。最新设计的高压接收器直径达到320m，试验运行温度最低可达700℃。西班牙的PSA公司从2003年开始试验总功率为400kW的高压接收器。德国西班牙合作项目 Phoebus 采用的是空腔式接收器，其中的吸热材料为金属丝网、泡沫陶瓷等。以色列魏兹曼科研所的研究人员研究成功的一种空腔式陶瓷压力接收器，它让会聚的阳光穿过石英窗照射到周围有空气流动的陶瓷针上，陶瓷针阵列吸收阳光并把热量传给空气。由于陶瓷针表面积很大，因此它向周围空气传热的效率也很高。装有内反射镜的漏斗型装置把阳光会聚导入，使得能量密度达到10MW/m^2，陶瓷针吸收阳光后温度能达到1800℃。

（4）蓄热材料。塔式太阳能热发电系统采用熔盐作为传热介质和显热蓄热材料，这是由于塔式系统的管网绝大多数是竖直布置，管内的传热介质容易排出，且其工作温度比槽式系统高，解决防冻问题不大，几乎是塔式系统的唯一选择。Sandia 国家实验室的 James 等人设计了一种液-固联合蓄热系统，并进行了一系列试验，结果和经济性都很令人振奋。

塔式太阳能热发电系统与槽式太阳能热发电系统相比，其集热温度更高，易生产高参数蒸汽，因此，热动装置的效率相应提高。目前，塔式太阳能热发电系统的主要障碍是当定日镜场的集热功率增大时，即单塔的太阳能热发电系统大型化后，定日镜场的集热效率随之降低。目前，Solar One 是较为成功的塔式太阳能热发电系统，容量为10MW，定日镜场的年均集热效率为58.1%。针对上述问题，国外学者提出多塔的定日镜场形式，我国的金红光研究员提出了槽塔结合的双级蓄热太阳能热发电系统，这些研究为塔式太阳能热发电技术的发展开拓了新方向。

8.5.3　碟式热发电系统

碟式太阳能热发电技术是太阳能热发电中光电转换效率最高的一种方式，它借助于双轴跟踪，抛物型碟式镜面将接收的太阳能集中在其焦点的接收器上。接收器吸收这部分辐射能并将其转换成热能。在接收器上安装热电转换装置，比如斯特林发动机或朗肯循环热机等，从而将热能转换成电能。从 20 世纪 80 年代起，美国、德国、西班牙、俄罗斯（前苏联）等国对碟式太阳能热发电系统及其部件进行了大量的研究。

碟式太阳能热发电的主要技术表现在以下几个方面：

（1）聚光镜及跟踪控制系统。碟式聚光镜可分为玻璃片式、整体抛物面式和张角膜式三类。反光材料有铝膜、银膜及薄银玻璃等。目前，美国的一些实验室和公司正在开发一种极具前景的超薄银玻璃反光镜，这种镜面能最大限度地反射阳光，提高镜面的反射效率。中国科技大学陈天应教授发明了“陈式曲面镜”，由于聚光效果好，聚光倍数高，很适合碟式聚光镜。跟踪控制系统目前广泛采用的是开式系统，而闭式系统由于系统累计误差的原因，目前还处于研制阶段；但闭式系统是跟踪控制系统的发展趋势，值得作进一步研究。

（2）接收器。碟式系统接收器是碟式系统的核心。由于碟式太阳能热发电聚光比很高，一般在 500~6000 之间，因而到达单位面积接收器上的能量很高。另外由于接收器内冷热流体分布不均匀，易产生“热点”损坏接收器，因此一般碟式系统采用熟管腔式混合接收器。美国 SNL 正在开发一种热管式集热器，它能将集热效率提高 10%以上。德国宇航中心正在发展高频等离子体喷射吸液芯结构的技术，用于提高热管的传热效率。现在已经成功研制了用于 10kW 系统的热管集热器。以色列魏兹曼研究所建立了一个“Big Dish”单元，目的是进行高温集热器、燃气轮机试验。

（3）热机。碟式热电系统中的热机可以是斯特林发动机、低沸点工质汽轮机或燃气轮机。目前用得最多，研究最热的是斯特林发动机。碟式斯特林技术的研究向着提高寿命和提高系统可靠性方向发展。重点在于发展 10~50kW 的斯特林热机。美国的科学应用国际公司已经制成了 25kW 的斯特林系统的样机，用于作进一步测试。2004 年，美国 SES 公司在 Sandia 实验室建造出 5 套 25kW 碟式斯特林系统；由德国研发的 6 套 9~10kW 斯特林系统在西班牙 PSA 获得示范，累计运行达到 3 万多小时。

单个碟式斯特林发电装置的容量范围在 5~50kW 之间。用氦气或氢气作工质，工作温度达 800℃，斯特林发动机能量转换效率较高。碟式系统可以是单独的装置，也可以是由碟群构成以输出大容量电力。最早建造碟式太阳热发电实验装置的是美国 Advanco 公司和 McDonnell Douglas 公司。由于碟式太阳能热发电系统聚光比可达到 3000 以上，一方面使得接收器的吸热面积可以很小，从而达到较小的能量损失，另一方面可使接收器的接收温度达 800℃以上。因此，碟式太阳能热发电的效率非常高，最高光电转换效率可达 29.4%。碟式太阳能热发电系统单机容量较小，一般在 5~25kW 之间。碟式太阳能热发电系统具有寿命长、效率高、灵活性强等特点，可以单台供电，也可以多套并联使用，非常适合边远山区发电。整个系统包括聚光集热子系统、发电子系统、蓄热子系统。

国际上，有关采用温差半导体、热离子、热光伏以及用碱金属热电直接转换器（AMTEC）构成碟式或槽式太阳热直接发电的设想和原理实验报告已经发表，但最终未实用化，都处于研究阶段。图 8-29 所示为碟式抛物面镜点聚焦集热器。

图 8-29 碟式抛物面镜点聚焦集热器

8.5.4 槽式热发电系统

槽式太阳能发电装置是一种借助槽形抛物面反射镜将太阳光聚焦反射到集热管上，然后通过管内热载体将热量带走加热水产生蒸汽，推动汽轮机发电的清洁能源利用装置。19 世纪 80 年代，美国人 John Ericsson 采用槽形抛物面太阳能集热装置驱动了一台热风机；1907，德国人 Wlhelm Meier 和 Adolf Remshardt 申报了一项用槽式抛物面太阳能集热装置生产蒸汽的专利；1912 年 Shumann 和 Boys 在该专利基础上设计了一台用槽形抛物面太阳能集热装置生产的蒸汽驱动 45kW 的蒸汽马达泵。槽式集热器的研究在 20 世纪五六十年代曾一度停止了研究，但是 1977 年的石油危机，重新燃起了人们对槽式集热器的热情。美国和德国都在资助着槽式抛物面太阳能集热器研究，美国在亚利桑那州建成了一台 37kW 的抛物柱面聚焦的太阳能热动力水泵。国际能源机构（IEA）的 9 个成员国共同参与了一项总功率为 500kW 的示范试验，该示范项目于 1981 年投入运营；Acurex 公司的 10000m^2 系统也于 1977~1982 年间在美国的一台示范装置上装机使用。由于成本投资过于高昂的原因，这些试验都未最终商业化运行。

直到 1985 年，美国和以色列联合组成的 LUZ 国际公司在美国南加州建造了第一座商业化槽式太阳能电站，槽式太阳能发电技术才真正进入了商业运营阶段，之后至 1991 年一共建造了 9 个柱形抛物槽镜分散聚光系统的太阳能热发电电站，总的装机容量为 353.8MW，是世界上规模最大、成效最高的太阳能发电工程。其中 8 号电站的循环效率为 38.4%，年平均太阳能热电转换效率为 14%，电站初始投资 2650 美元/kW，发电成本 8 美分/kW·h。1991 年 LUZ 公司宣告破产，使得槽式太阳能发电技术在一段时间内被冷落。进入 21 世纪以后，随着能源价格的快速上涨，新一轮的能源危机的到来，槽式太阳能技术又重新受到了重视，以色列、德国、美国和西班牙等国的公司纷纷提出自己的计划，美国计划在内华达州建造两座 80MW 槽式太阳能热电站，两座 100MW 太阳能与燃气轮机联合循环电站。在西班牙和摩洛哥分别建造 135MW 和 18MW 太阳能热发电站各一座。

目前欧洲正在通过其 DISS 项目大力发展一种成本更低的新的太阳能槽式热发电技术 DSG（直接蒸汽产生技术），该技术主要就是通过槽式集热器直接加热集热管内的水为蒸汽，通过一个气液分离器将蒸汽直接通到蒸汽轮机用于发电。该技术由于省略了传统技术中的换热器，所以成本有所降低，但是该技术目前存在的主要问题就是产生蒸汽不够稳定，太阳辐照的变化直接影响蒸汽的参数，对于匹配的发电机组提出了较高的要求。另外 DSG 技术在集热管中直接产生蒸汽，使得集热管内有一段区域处于汽液两相流区，流型的变化将会导致集热管沿周向温度分布不均，可能会引起集热管的变形，继而影响系统运行的可靠性和安全性。直接产生蒸汽相对于传统的槽式太阳能热发电技术相比，会造成管路中压力较大，对系统的管路提出了要求。

对于槽式太阳能技术我国开始得较早，但是发展缓慢。20 世纪 70 年代，中科院和中国科技大学在槽式太阳能热发电技术方面，曾做过单元性实验研究。2006 年国家 863 计划设立了太阳能热发电技术及系统示范项目，由中科院电工所承担，建立在北京延庆，同时建立太阳能热发电实验系统和实验平台。河海大学新材料新能源研究开发院正着手开展完全拥有自主知识产权的 100kW 槽式太阳能热发电试验装置，已成功发电。华电工程公司目前也正在着手开发拥有自主知识产权的 200kW 的槽式太阳能热发电系统，已经于 2009 年底建成太阳能蒸汽发生系统。准备开始建设的太阳能发电项目有：中德合资内蒙古施德普太阳能开发有限公司完成了 50MW 槽式太阳能热发电项目的可行性报告，准备投资 16 亿元人民币开发槽式太阳能项目；北京康拓科技开发公司依托中国空间技术研究院（五院），研制开发新型太阳能集热产品，应用于发电及供暖领域，其中槽式太阳能热发电项目列为中国航天科技集团的重点项目，并且获得了国家"863"和国防科工委研发经费支持。该槽式太阳能热发电站项目计划总投资 110 亿元，将在内蒙古达拉特旗展旦召苏木境内建设，装机总容量 550MW，建设周期 5 年。上海工电能源科技有限公司拟开发太阳能热发电关键技术，在杭州建设槽式太阳能发电示范电站。可以看出，我国槽式太阳能技术的发展都是在最近 5 年才开始蓬勃发展，这主要的原因就是国家大力推行节能减排政策，把新能源放到了一个优先发展的地位，目前新能源已经被确立为新兴战略性行业。实物如图 8-30 所示。

表 8-5 是对三种热发电系统进行的比较，从中可以看出，塔式效率高，槽式成本低，碟式单机可标准化生产。三种方式各自优势明显，同时缺点也很明显。塔式一次性投入大，槽式相对塔式和碟式效率较低，碟式单机规模很难做大。目前来说，塔式太阳能热发电技术尚处于研究、开发、示范阶段；碟式太阳能热发电技术在美国、以色列等国家处于准商业化阶段；槽式太阳能热发电技术是最成熟的商业化技术。

表 8-5　三种热发电系统比较

项　别	槽式系统	碟式系统	塔式系统
规　模	30~320MW	5~25kW	10~20MW
运行温度/℃	390~734	750~1382	565~1049

续表 8-5

项　别	槽式系统	碟式系统	塔式系统
年容量因子/%	23~50	25	20~77
峰值效率/%	20	24	23
年净效率/%	11~16	12~25	7~20
商业化情况	可商业化	试验模型	示范
技术开发风险	低	高	中
可否储能	有限制	蓄电池	可以
互补系统设计	是	是	是
成本/美元·m^{-2}	275~630	320~3100	200~475
成本/美元·W^{-1}	2.7~4.0	1.3~12.6	2.5~4.4
成本/美元·峰瓦$^{-1}$	1.3~4.0	1.1~12.6	0.9~2.4

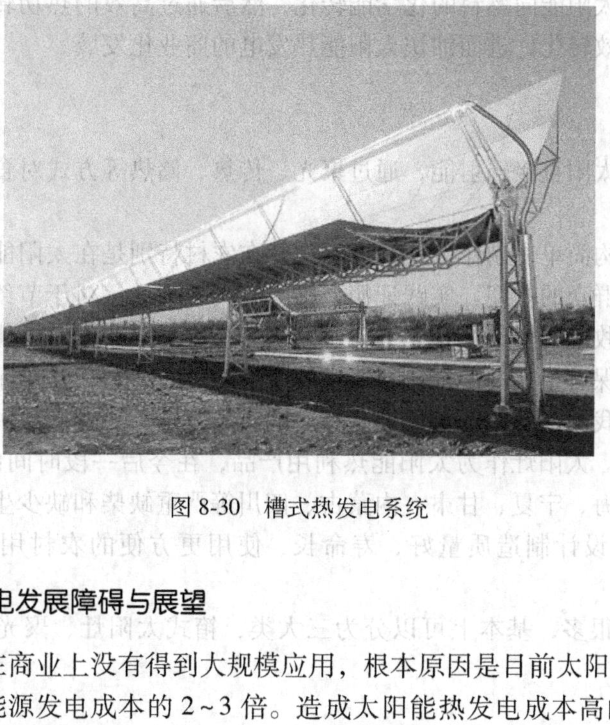

图 8-30　槽式热发电系统

8.5.5 太阳能热发电发展障碍与展望

太阳能热发电在商业上没有得到大规模应用，根本原因是目前太阳能热发电系统的发电成本高，是常规能源发电成本的 2~3 倍。造成太阳能热发电成本高的主要原因有以下三个方面：第一太阳能能流密度低，需要大面积的光学反射装置和昂贵的接收装置，将太阳能直接转换为热能这一过程的投资成本占整个电站投资的一半以上，目前这些转换装置还没有大规模生产，制造和安装成本较高，增加了太阳能热发电的技术和经济风险；第二太阳能热发电系统的发电效率低，年太阳能净发电效率不超过 15%，在相同的装机容量下，较低的发电效率需要更多的聚光集热装置，增加了投资成本，并且目前还缺乏这类电站的运行经验，整个电站的运行和维护成本高；第三由于太阳能供应不连续、不稳定，需要在系统中增加蓄热装置，大容量的电站需要庞大的蓄热装置和管路系统，造成整个电站系统结构复杂，增加了成本。就目前而言，太阳能复合循环电站投资成本为 1000~3000 美元/kW，太阳能热发电站（SEGS）平均投资成本3500美元/kW，而天然气电站投资成本却为500美元/kW，由此可见，太阳能热发电投资成本是天然气电站投资成本的7倍。只有在燃料价格和常规电站投资成本较大幅度增加的条件下，太阳能热发电才能具有一定的经济优越性。

解决这一问题的出路主要从以下几个方面着手：首先，提高系统中关键部件的性能，大幅度降低太阳能热发电的投资成本，快速进入商业化；其次，进一步研究开发新的太阳能热发电系统，对系统进行有机集成，实现高效的热功转化，不仅要实现太阳能热的梯级利用，而且要集成新型的太阳能热化学系统，突破常规系统中太阳能发电效率低的限制；第三，将太阳能热发电系统和化石燃料互补，借助太阳能的利用来减少化石燃料热力发电系统中的燃料消耗量，同时也可以省略太阳能热发电系统中的储热装置，从而降低太阳能热发电的一次投资成本和发电成本。

总之，太阳能热发电的发展方向应为低成本、高效的系统发展，不断提高系统中关键部件的性能，将太阳能与常规的能源系统进行合理的互补，实现系统的有机集成，通过热化学反应过程实现太阳能向燃料的化学能转化，然后通过高效的热功转化装置发电，实现太阳能向电能的高效转化，进而加快太阳能热发电的商业化发展。

8.6 太阳灶

太阳灶是利用太阳直接辐射能，通过聚光、传热、储热等方式对食物进行加工的一种装置。

由于太阳灶结构简单，制作方便，成本低，在农村特别是在太阳能资源较好且能源短缺地区，深受广大群众的欢迎。实践证明，推广使用太阳灶，对于节约能源，减少环境污染，提高和改善农牧民的生活质量具有重要意义，是解决农村能源问题的一项有效途径，目前我国太阳灶的保有量达205万台，每年可替代能量大约180万吨标准煤。

太阳灶目前在我国西部偏远地区仍有一定的市场，国外如非洲、阿富汗、巴基斯坦等国家也有大量需求。太阳灶作为太阳能热利用产品，在今后一段时间内还会有一定发展，特别是在西藏、青海、宁夏、甘肃、内蒙古、四川等严重缺柴和缺少生物质的地区受到欢迎。目前已出现了设计制造质量好、寿命长、使用更方便的农村用太阳灶，深受农民欢迎。

太阳灶的形式很多，基本上可以分为三大类，箱式太阳灶、聚光式太阳灶和其他太阳灶。

8.6.1 箱式太阳灶

箱式太阳灶就是利用黑体吸收太阳辐射能的原理制造的。它的主要结构为一个箱体，四周用绝热材料保温，内表面涂以吸收率大的物质，上面由二层玻璃板组成透光兼保温的盖板，这样投射进箱内的太阳辐射能被黑体吸收，并储存在箱内使温度不断上升。当投入热量与散出热量平衡时，箱内温度就不再升高，达到平衡状态。

8.6.1.1 普通箱式太阳灶

太阳灶的外形，看起来像一只箱子，所以叫做箱式太阳灶。它包括箱体、箱盖、饭盒支架和活动支撑等部分，如图8-31所示。

8.6.1.2 加反射镜的箱式太阳灶

作为箱式太阳灶简单易行的改进方法之一，是在箱体四周加装平面反射镜，用来提高太阳灶的温度和功率。反射镜可用铰链镶接在边框上，并可以固定在任意角度上。通过调节反射镜的倾角，可使入射的阳光全部反射进箱内。反射镜可采用普通的镀银镜面、抛光铝板或用真空镀铝聚酯薄膜贴在薄板上制成。根据试制和使用情况，加装一块反射镜，太阳灶箱温最高可达170℃以上；加装两块反射镜，可达185℃以上；加装四块反射镜，可达200℃以上，明显提高了煮食效果。如图8-32所示。

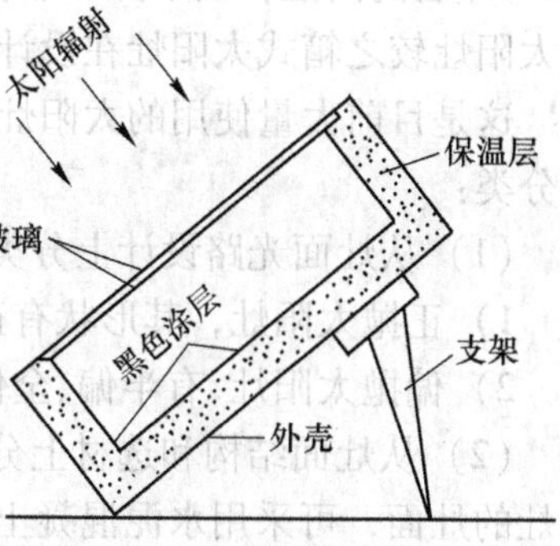

图8-31 普通箱式太阳灶

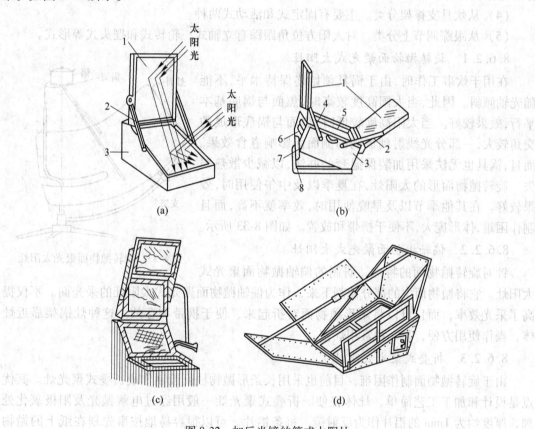

图8-32 加反光镜的箱式太阳灶

(a) 1块反射镜；(b) 2块反射镜；(c) 3块反射镜；(d) 4块反射镜

1—反射镜；2—支架；3—灶体；4—铝板空箱体；5—玻璃盖板；6—炉门；7—支柱；8—底框

8.6.2 聚光式太阳灶

聚光式太阳灶是一种利用旋转抛物面反光汇聚太阳直射辐射能进行炊事工作的装置，聚光式太阳灶利用了抛物面聚光的特性，大大地提高了太阳灶的功率和聚光度，锅底可达

500℃左右的高温，便于煮、炒食物及烧开水等各种炊事作业，缩短了炊事时间。但聚光式太阳灶较之箱式太阳灶在设计制造方面复杂而且成本相应也高。

这是目前大量使用的太阳灶的主要形式。聚光式太阳灶大致可从以下几个方面进行归纳分类：

（1）从灶面光路设计上分类。

1）正抛太阳灶，其形状有正抛正圆、正抛矩形、正抛椭圆、正抛偏圆等。

2）偏抛太阳灶，有半偏、全偏、超偏三种。其形状也有扁圆、椭圆、矩形、异形等。

（2）从灶面结构和选材上分类。有整体结构、2块或4块结构、其他结构等。聚光太阳灶的灶面，可采用水泥混凝土、铸铁、铸铝、钢板冲压、玻璃钢、钙塑料等材料制作。

（3）从灶面支撑架分类。一般可分为中心支撑、托架支撑、翻转式支撑、灶面前支撑、吊架支撑等。

（4）从炊具支撑架分类。主要有固定式和活动式两种。

（5）从跟踪调节上分类。对太阳方位角跟踪有立轴式、轮转式和摆头式等形式。

8.6.2.1　旋转抛物面聚光式太阳灶

在用于炊事工作时，由于锅具须始终保持水平，不能随光轴倾斜。因此，当太阳高度较高时，焦面与锅底基本平行，效果较好。当太阳高度较低时，焦面与锅底形成的交角较大，一部分光线射到饭锅的侧面而影响煮食效果。而且，锅具也无法采用加装保温套的办法，以减少散热损失。旋转抛物面形的太阳灶，在夏季以及中午使用时，效果较好。在其他季节以及早晚使用时，效率就不高，而且制作困难，体形庞大，不便于携带和放置。如图8-33所示。

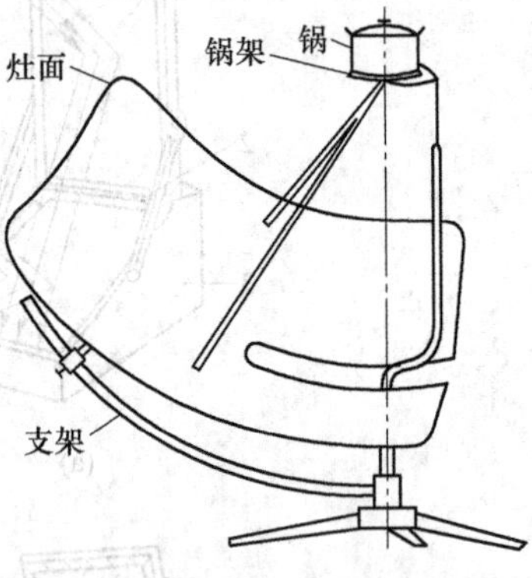

图8-33　旋转抛物面聚光太阳灶

8.6.2.2　偏轴抛物面聚光式太阳灶

针对旋转抛物面的特点，研制的偏轴抛物面聚光式太阳灶。它将抛物面中的部分截割下来，作为偏轴抛物面聚光式太阳灶的采光面。不仅提高了采光效率，而且可以将矩形抛物面对折起来，便于携带和存放。这种灶锅架靠近灶体，操作使用方便，是一种常用灶型。

8.6.2.3　折叠式聚光太阳灶

由于旋转抛物面制作困难，目前也采用长条形抛物柱面镜制作成折叠式聚光灶。其优点是设计和加工工艺简单，灶体轻便。折叠式聚光灶一般用经过电解抛光及阳极氧化处理，厚度约为1mm的铝片作为反射镜。每条铝片，可以很容易地按事先划在纸上的抛物线用手弯成一定弯曲度的柱形抛物面。然后，将弯好的铝片顺序排成阶梯状安装于箱框上，形成抛物反射面，使投射在每一反光片上的阳光，都能会聚于锅底。如图8-34所示。

8.6.3　热管太阳灶

热管太阳灶利用热管式真空管集热，把热量输送到绝热箱，用来给炊具加热。如图8-35所示。

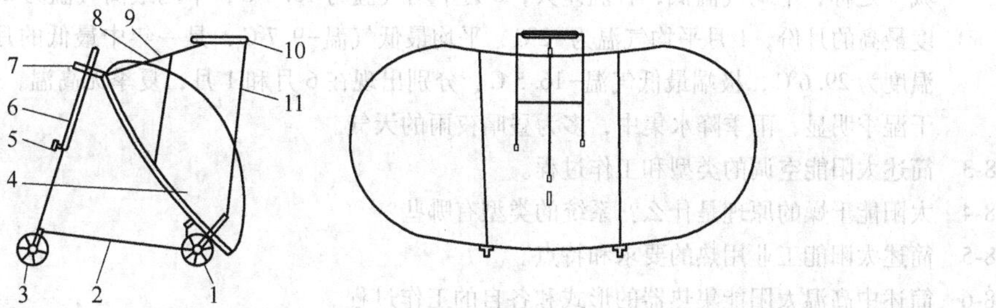

图 8-34 折叠式聚光太阳灶

1—转动轮；2—底架；3—小轮；4—灶面；5—手轮；6—定位杆；7—手柄；
8—后支杆；9—前支杆；10—锅圈；11—平形拉杆

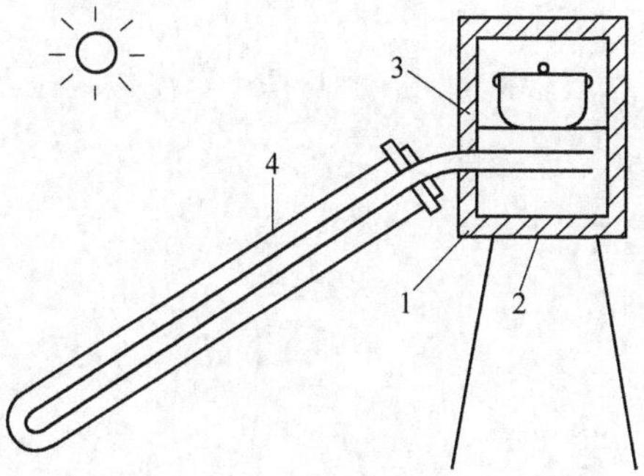

图 8-35 热管太阳灶

1—散热片；2—蓄热材料；3—绝热箱；4—热管真空绝热管

8.6.4 太阳灶壳体材料

我国现行的太阳灶，从材料和工艺上看，材料主要是水泥太阳灶和铸铁太阳灶两种，这就决定了现行太阳灶很难有较为适中的重量。特别是水泥太阳灶，给远距离的运输造成很大的麻烦。在制作工艺上也难有大的突破。据悉，国外对我国太阳灶也有大量的需求，但都因为重量和包装问题不好解决而难于进展。针对这个问题，已有不少人进行新材料和新工艺的研究，并取得了阶段性成果。

复习思考题

8-1 列举常用的太阳能采暖系统的形式。

8-2 为拉萨某办公楼设计太阳能采暖系统，该办公楼概况如下所述。

该办公楼为五层平顶，采暖面积 3000m^2，为地板采暖系统。利用太阳能为地板采暖系统提供部分热源，办公楼采暖时间为上午 8:00~11:00。

拉萨地处西藏中部稍偏东南，雅鲁藏布江中上游北部及其支流拉萨河流域及西北地区，高原温带半干旱季风气候。拉萨的气候特点为：辐射强，日照时间长，年日照时数在 3000h 以上，有“日光城”之称；平均气温低，日温差大，6 月平均气温为 15.7℃，平均最高气温为 22.9℃，是一年中温度最高的月份，1 月平均气温为-2℃，平均最低气温-9.7℃，是一年中最低的月份，多年极端最高温度为 29.6℃，极端最低气温-16.5℃，分别出现在 6 月和 1 月，夏季无高温，是夏季的避暑胜地；干湿季明显，雨季降水集中，多为昼晴夜雨的天气。

8-3　简述太阳能空调的类型和工作过程。

8-4　太阳能干燥的原理是什么？系统的类型有哪些？

8-5　简述太阳能工业用热的要求和特点。

8-6　简述中高温太阳能集热器的形式和各自的工作过程。

8-7　简述太阳能热发电系统的类型。

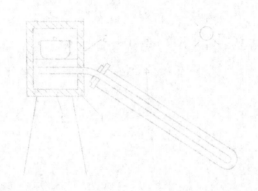

9 太阳能中高温热利用

9.1 概述

太阳能热利用产业以产热标准结合产业使用领域划分为三维空间，即太阳能低温热利用、太阳能中温热利用和太阳能高温热利用。从产热标准上看，太阳能热利用产热温度100℃以下属于低温热利用，100~250℃属于中温热利用，250℃以上属于高温热利用。从产业使用领域上看，太阳能低温热利用适用于热水领域，中温热利用适用于热能领域，高温热利用适用于热电领域。

太阳能中温热利用产生的是热能，其代表性的产品是各工业、商业、农业领域中的太阳能热利用系统，也包括民用的太阳能空调制冷，是太阳能热利用的中级发展阶段。太阳能中温系统利用太阳能集热器产生的100~250℃的蒸汽，进行工农业烘干、融化和漂洗等。广泛应用于采暖、空调、纺织、印染、造纸、橡胶、海水淡化等各种需要热水和热蒸汽的生产和生活领域。

太阳能高温热利用市场产生的热电，是未来太阳能热利用的最高形式之一，也将成为替代社会能源的主要来源，太阳能高温热利用是太阳能热利用的种子市场。太阳能热发电是通过大量反射镜聚焦的方式将太阳能直射光聚集起来，加热工质，产生高温高压的蒸汽，驱动汽轮机发电。太阳能热发电按照太阳能采集方式可划分为槽式、塔式、碟式、菲涅尔式四种。

9.2 太阳能中高温基础技术

9.2.1 太阳能中高温集热技术

在太阳能热利用中，关键是将太阳的辐射能转换为热能。由于太阳能比较分散，必须设法把它集中起来，所以，中高温集热管是太阳能中高温集热系统装置中的核心部件。

9.2.1.1 中温集热技术

太阳能中温集热管的整体结构由金属内管、金属连接件、玻璃外管三部分组成，金属内管（吸收管）表面带有选择性吸收涂层，玻璃外管是一根与金属内管同心并具有高透光率的玻璃管，通过可伐合金环、波纹管等金属集成部件，金属内管与玻璃外管密封连接在一起。玻璃外管与金属内管夹层内抽真空以保护吸收管表面的选择性吸收层，同时降低集热损失。

中温集热管关键技术包括中温涂层和罩玻璃管增透技术等。

A 中温涂层技术

在中温涂层技术方面，力诺瑞特获突破，选用高熔点、环保型的金属钛作为磁控溅射材料，借鉴“钛金太阳集热管”的成功经验，通过大量试验调整确定了涂层工艺参数，制备出适用于中温范围（80~150℃）的选择性吸收涂层。

B 罩玻璃管增透技术

在罩玻璃管增透技术的开发上，力诺瑞特已开发出中温太阳能真空集热管的增透技术。罩玻璃管太阳透射比可提高至94%，大大提高了中温太阳能真空集热管集热性能。

C 双效真空维持技术

全玻璃真空太阳能集热管的真空夹层设计有效避免了因空气对流、热传递造成的热量损失，使集热管的保温能力显著提高，也是决定集热管寿命的主要因素之一。而中温太阳能真空集热管由于正常使用过程中温度较高，其夹层中各部件的放气量相比普通集热管大数倍，为了保证其能够稳定工作，并具有较长的使用寿命，因此中温太阳能真空集热管对真空维持技术提出了更高的要求。

力诺瑞特自行设计双效吸气剂激活和测试仪器，同时确定两种吸气剂的激活工艺条件，选型用量及安装位置等，最终达到两种吸气剂双效合一，优势互补；同时开发了中温太阳能真空集热管风循环式连续排气系统，温场温差小于20℃，实现排气工艺自动化，保证排气工艺稳定性。

采用双效真空维持技术有效解决了中温太阳能真空集热管长期在中温环境下的真空问题，其使用寿命明显提高。

9.2.1.2 高温集热技术

高温太阳能真空集热管的研发主要有三大关键技术，分别为玻璃与金属封接技术、高温选择性涂层技术和真空技术，其性能直接关系到各种类型高温太阳能系统的效率。

A 高温涂层技术

高温真空集热管的玻璃套管内外壁都涂有减反膜的涂层，用来减少玻璃管表面的光线反射损失。这种具有高性能的太阳能选择性涂层技术，目前已被皇明、力诺瑞特等国内企业成功应用于高温集热管制作中，力诺瑞特的高温集热管选择性高温涂层性能优异，采用金属红外反射层、金属陶瓷吸收层和介质减反层的多层干涉吸收薄膜结构。涂层的金属材料涉及W、Mo、Ni、Pt、Cu、Al、Y等，介质材料采用低折射率的Al、Si氮氧化物。可承受500℃以上的高温工作环境，涂层太阳吸收比不低于0.94±0.02，400℃时发射比不高于0.14±0.02。皇明生产出的2m长的镀膜钢管，外径为70mm。在450℃时，其吸热涂层的吸收比$\alpha>95\%$，$\varepsilon<0.1$，它的最大优势在于能够在空气中380℃时长期使用，并且在真空中能承受550℃高温而性能不退化。

B 玻璃与金属封接工艺

玻璃与金属封接工艺是高温集热管制作中最为关键的难题，它的好坏直接决定了集热管的寿命和性能。集热管中的玻璃与金属封接属于管式封接，不仅要求有一定的机械强度，而且要求其在高真空的情况下有极好的气密性。

玻璃与金属的封接分为两种：一种是非匹配封接；另一种是匹配封接。匹配封接指玻璃与金属的线膨胀系数在一定温度范围内是相近的（差值小于10%）：非匹配封接是指玻璃与金属的线膨胀系数在一定温度范围内差值较大（差值大于10%）。非匹配封接方式需对金属部分进行特殊处理，即金属刃口的加工，最薄可达0.03~0.04mm，加工难度较大，玻璃与其在封接过程中金属易变形，其封接成品强度较低，特别是在高温环境下易损坏。

由于金属的膨胀系数几乎是个常数，而玻璃的膨胀系数在超过退火温度后会急剧上升，当温度超过软化点后，玻璃因处于黏滞状态应力会自动消失而使膨胀系数显得无关紧要，如果玻璃和金属的膨胀系数在室温到低于玻璃退火温度上限的温度范围内其差值不超过+10%，膨胀曲线尽可能一致，应力便可控制在安全范围内，这样就容易制得无应力的封接体。

润湿性反映了两种物质之间的结合能力，要使玻璃与金属达到良好密封，必须使两者有良好的润湿性。通常情况下，玻璃和纯金属表面几乎不润湿，但在金属表面形成了一层氧化膜时其润湿情况会出现明显改善，这是由于金属表面形成了一层氧化膜而促进湿润的缘故。

力诺光热研发的一种新型硼硅酸盐玻璃，其线平均膨胀系数控制在（5.2±0.1）×$10^{-6}K^{-1}$范围内，与可伐合金可匹配封接。玻璃环切等级不低于B级，与可伐合金润湿性良好，封接处能承受冷热冲击240℃温差而不损坏，抗拉强度不小于2MPa。

C 真空技术

集热管制作工艺中抽真空工艺是决定集热管性能和考验集热管前期工艺质量的关键工艺。对集热管整体进行加热，加热温度要高于集热管使用温度，但是又必须低于玻璃的退火上限温度，否则玻璃与金属封接处由于玻璃软化而变形或漏气。同时，为了维持真空和显示真空度变化，一般在集热管中放置吸气剂，吸气剂烤销后形成光亮的一层膜，这层膜可以吸收气体，维持管内的真空度，如果管内有过多的气体存在而使吸气剂达到饱和时，这层膜的颜色就会改变，根据颜色可以显示出真空管内的真空度的变化。

9.2.1.3 中高温热管式集热技术

玻璃聚光类太阳能热发电按聚光形式分为塔式太阳能热发电、槽式太阳能热发电和碟式太阳能热发电。但不管是哪一种方式，接收器是核心部件，其作用是将太阳辐射能转换为热能。热管式真空集热管，可作槽式太阳能热发电系统和碟式太阳能热发电系统的接收器。

A 热管技术

热管是一种具有高导热性能的传热元件，它依靠自身内部液体工质的相变传输热量而无需外加动力，具有传热效率高、等温性能好、热流密度可以自动调节、热流方向具有可逆性、热二极管和热开关特性、结构可以按需要灵活布置及高可靠性等特点，其独特的结构和传热特征已得到了广泛的应用和研究。

典型的热管结构由管壳、吸液芯和端盖构成，如图9-1所示。管内抽成1.3×(10^{-1}～10^{-4}) Pa的负压后，充以适量的工作液体，使紧贴管内壁的吸液芯毛细多孔材料中充满液体后加以密封。管的一端为加热段（管内为蒸发段），另一端为冷却段（管内为冷凝段），根据应用需要在加热段和冷却段中间可布置绝热段。热管的工作原理是：当热管的一端（加热段）受热时，这一段管内（蒸发段）的工作液体蒸发汽化，蒸汽在压差下流向热管的另一端（冷凝段）放出热量传给管外（冷却段）的冷却介质，冷凝段内蒸汽凝结成液体，液体在多孔吸液芯的毛细力作用下，回流至蒸发段，循环使用。如此往复，热量从热管的一端传至另一端。

B 热管式真空集热管

热管式真空集热管由热管、翅片、选择性吸收涂层、玻璃管、金属封盖、弹簧支架和

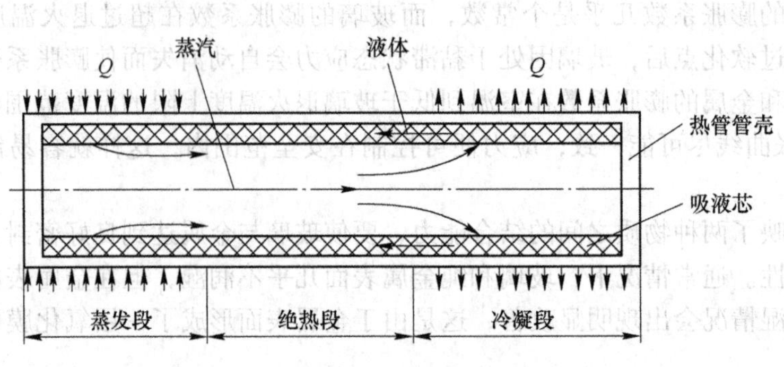

图 9-1　热管结构

消气剂等组成，如图 9-2 所示，带有翅片的热管通过弹簧支架固定在一端封闭的玻璃管内，其中翅片和热管在玻璃管内部分（加热段）表面磁控溅射选择性吸收涂层，热管与金属封盖焊接连接，金属封盖与玻璃管之间采用融封或熔封连接，玻璃管内抽真空，管内预放消气剂以保证管内的真空度。

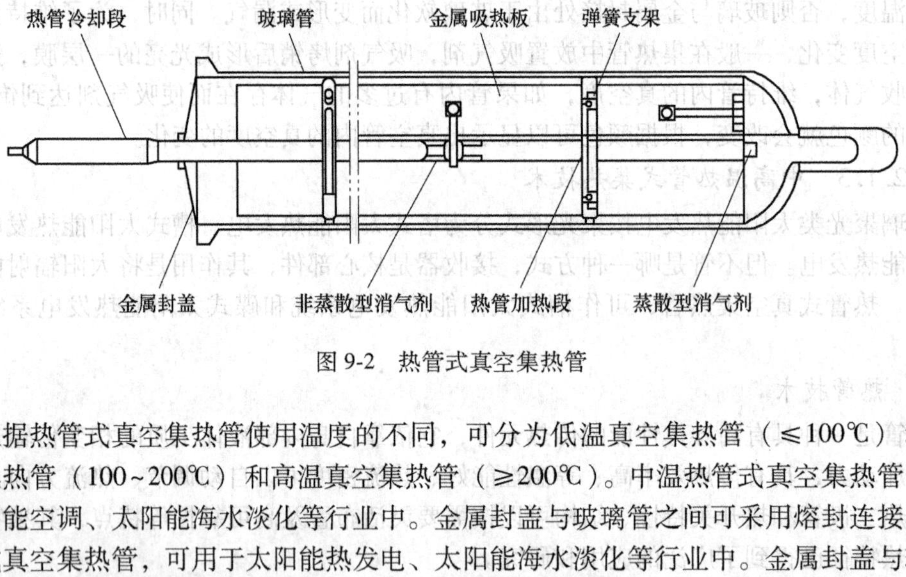

图 9-2　热管式真空集热管

根据热管式真空集热管使用温度的不同，可分为低温真空集热管（≤100℃）和中温真空集热管（100~200℃）和高温真空集热管（≥200℃）。中温热管式真空集热管，可用于太阳能空调、太阳能海水淡化等行业中。金属封盖与玻璃管之间可采用熔封连接：高温热管式真空集热管，可用于太阳能热发电、太阳能海水淡化等行业中。金属封盖与玻璃管之间必须采用熔封连接。

热管式真空集热管具有热效率高，承压能力强，启动、安全和保温性能好等优点。这样决定了热管式真空集热管在太阳能热利用中的特殊地位。尤其是耐热冲击、承压能力强的优点，使热管式真空集热管在太阳能高温热利用方面拥有一席之地。

9.2.2　太阳能中高温储热技术

9.2.2.1　中高温储热技术

太阳能不能直接贮存，必须转换成其他形式的能量才能贮存。目前用于太阳能中高温的能量储存技术主要有显热储能技术、潜热储能技术、化学反应热储能技术和塑晶储能技术。其中，潜热储能随温度不同而应选择不同储热材料。

显热储能技术和潜热储能技术属于物理储能，依赖于温度保持储能。物理储能主要是利用物质的显热或者是潜热进行储能，显热的储能密度显然是很低的，温度是最大的制约因素，潜热的储能密度相对较高，现在常用的就是固—液相变。

化学储能是利用化学反应来实现储能的，同样依赖于温度决定储能密度，但储能完成后不依赖保温来维持储能，主要是利用分解或者是失结晶水的可逆反应来实现储能和释放能量。

我国对化学储能研究较多，该储能方式被认为是最具发展前途的一种储热方式，与其他方式相比，其突出的优点为：

(1) 热化学正逆反应可在高温下进行，可得到高品位热能；

(2) 温度与速率在热能储-释过程中均可控制；

(3) 在常温下可长期无热损储存且储能密度远高于显热或相变蓄热。但这种技术目前还不是很成熟，尚需进行深入研究，一时难以实用。

9.2.2.2 储能材料

储能材料是解决太阳能应用的关键制约因素之一。现在的低温集热器都使用水作为储能介质，利用水的显热储能，水虽然很便宜，但是储能密度不够高，沸点较低导致可用温差很小，这是最大的局限性，如果是高压潜热模式储存，需要的储能代价也很高，而且储能密度仍然不理想。开发新的储能材料才能满足中温太阳能的应用，由于温度提高了可用温差增大了，可以选用的材料也不再受限制了。因此，现在利用常温为固体的材料以相变储能以及化学储能的方式出现了。经过试验，利用物理相变的储能材料已经可以达到 $250\text{kW}\cdot\text{h/m}^3$ 的储能密度（包括显热合相变热），而利用化学储能的方式储热可以达到 $70\text{kW}\cdot\text{h/m}^3$ 的储能密度（包括显热和化学储能）。

储能材料主要是使用廉价的无机盐，含有结晶水或者不含结晶水的，应用相变能的材料分为几个温度段，从25~55℃，55~85℃，这两个温度段的材料主要用于低温相变储能，相变储能的温度与能量密度有关，低温材料主要都是有机盐类，但价格较高每吨超过2500元，甚至更高，这也是低温储能难以推广的主要原因。

中温储能材料应用的范围很大，由于温度介于100~300℃，在这个温度段内可用的材料很多，价格也很便宜，都是常见的无机盐类的材料；温度提高无论是物理的相变储能还是化学储能，储能密度都有显著提高，同时成本只是低温储能材料成本的几分之一。虽然高温不容易获得，但是储能成本却很低，这就是矛盾，由于无机盐性能很稳定所以使用几十年都不会变质，这些中性的盐对容器的腐蚀也很轻微（部分有机盐类对金属的腐蚀超过无机盐，通过大量的实验已经验证这一现象，主要是电化学腐蚀的加剧）。

现在常用的储能材料是相变储能材料 PCM 和化学储能材料 TCM。物理与化学是两种不同的储能模式，TCM 不依赖于保温来维持储能，因此可以将夏天的过剩能量储存到冬天使用，但是储能是有成本的，合理地配置储能规模才能得到较好的收益；PCM 储能方式是依赖于温度保持的储能方式，因此储能的保温成本很高，而且一旦积温丧失，能量就会被释放，这种储能方式更多地应用于即时储能或者是能量缓冲用途。从材料的选择到储能器的设计都应以实际应用为前提，因此储能器不是单一功能的装置，而是具备多效储能的结构应用。

9.2.2.3 高温储热技术路径

当前应用较多、较成熟的太阳能高温热发电储热技术当推熔盐储热。同时，多种不同类型的储热技术正处于研发和小型化示范阶段，其目标均是为了降低成本，提高光热发电的运行性能，如蒸汽储热、混凝土储热、温跃层或其他化学物质储热等多种技术路线。

西班牙阿本戈公司于 2007 年建成了世界上第一座商业化塔式电站——11MW 的 PS10 电站，该电站采用的储热装置为高压蒸汽，储存热量可供电站运行 1h。在南非此前开标的 50MW 的 KhiSolarOne 塔式电站中，阿本戈负责开发，同样将采用高压蒸汽储热，以实现 3h 的储热量。另外，阿本戈建设的美国 280MW 的 Solana 槽式电站和南非 100MW 的 KaxuSolarOne 槽式电站均配置储热系统。美国 BrightSource 公司建设的 Ivanpah 光热电站则为 DSG 电站，没有配置储热系统，但该公司宣称将在未来开发带储热的塔式电站。BrightSource 的储热技术同样使用熔盐作为储热介质。但该公司因坚持走 DSG 路线，则需通过过热蒸汽与熔盐进行二次换热以达到储热目的。业内对其走的这种储热路线褒贬不一，BrightSource 尚需要实际项目验证其技术和经济可行性。

其他的储热技术也在开发之中，如澳大利亚 3MaLakeCarelligo 示范项目，采用高纯度石墨传热储热，更具特点的是，其将这种石墨制成的热量接收器和蒸汽发生器、储热系统融为一体，虽然降低了系统的投资成本，实际运行效果却并不理想，但其依然是对塔式储热系统的有益验证。

世界上首个商业化槽式光热电站 SEGSI 光热电站采用的双罐储热最开始以一种矿物油为储热介质，同时也为传热介质。但该储热系统在 1999 年遭火灾破坏后未能修复。此后其将储热系统废弃，换用当前常用的导热油作为传热介质。

储热技术的应用伴随着光热发电产业的发展而发展，从历史的发展来看，储热系统的应用经历了诸多坎坷，曾发生过熔盐储热罐整体凝固而报废的极端事故。每种技术都有一些缺陷，当前或许还未能找到一种完美的储热解决方案。但可以确定的是，采用储热技术是光热发电可以与其他可再生能源抗衡的一大优势。因此，仍需坚持储热技术的研发和应用。

总的来看，在槽式电站中，应用最多的即熔盐双罐储热。目前对革新路线获认同较多的是将熔盐作为传热储热介质应用于槽式电站，以提高槽式电站的运行温度，降低系统投资。ENEL 在意大利建设的 Archimede 电站对此进行了示范。

塔式电站的储热技术路线也存在争议，目前还有待 BrightSource 等开发的储热型电站投运，才可以据此推算究竟哪种塔式储热技术更具经济效益和应用价值。

菲涅尔电站的储热路线更难确定，阿海珐太阳能此前已经和桑迪亚实验室合作示范了一个菲涅尔的储热系统回路，采用熔盐作传热和储热介质。由于菲涅尔电站多采用水工质方案，其储热系统的开发可能会面临更多困难。

熔盐储热（因传热介质不同又可分多种类型）、高压蒸汽储热、混凝土储热、石墨储热等等多种类型的储热方式尚在进一步发展之中。

9.2.3 太阳能中高温热交换技术

9.2.3.1 中温热交换

热交换器是太阳能中温系统用热交换的装置。储热器和换热器是集成在一起的设备。

热交换部件是设置在储热器内的管道，储热材料在容器中是静态，因此需要较为密集的管道来提供热交换，PCM 储热器热交换很直接，而 TCM 的热交换器需要启动时间，有两种实施方案：一种是采用保温；另一种是不保持温度。保持温度的启动速度同样很快，不需要化学反应来加热储热材料，直接可以输出热量，但成本较高；不保温的系统需要化学反应将储热材料加热，然后输出热量，这个过程对供热需要 10~30min 的等待周期，对于季节供热可能没有影响，但对即时供热不可接受，如果通过储热器内部小型结构单元化来看这种状态成本比保温结构还高，因此使用保持温度的方案，可以利用同样的结构单元储存不同储热材料，部件的适应性更好，同时也是降低成本的有效途径。

9.2.3.2 高温热交换

以槽式为例，介绍太阳能高温热发电系统中的热交换技术，如图 9-3 所示。

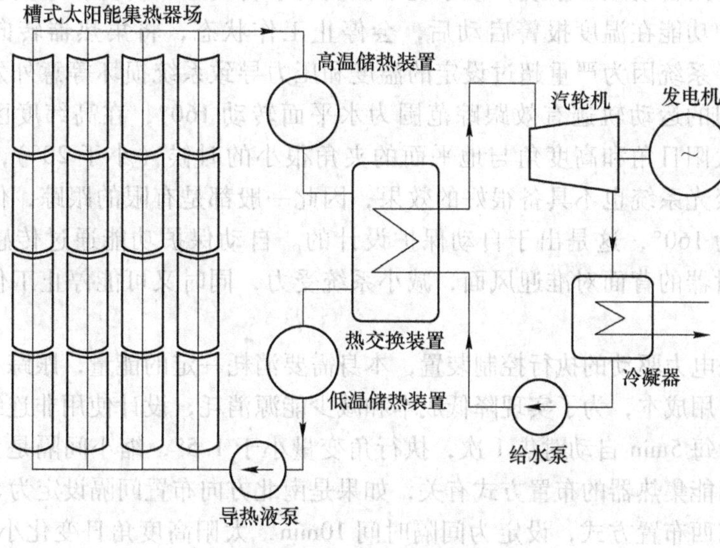

图 9-3 槽式热传输和交换原理

根据不同的导热液，槽式集热器把导热液加热到不同温度，一般为 400℃左右，由于槽式太阳能热发电系统的热传输管道特别长，为减小热量损失，管道外要有保温材料、管道要尽量短；长的管路需泵传输来推动导热液的循环，要设法减小导热液泵功率，导热液可用苯醚混合液、加压水混合液、导热油等液体，传热方式可采用直接传热也可采用相变传热。

导热液通过热交换器把水加热成 300℃左右的水蒸气，水蒸气去推动蒸汽轮机旋转带动发电机发电，热交换器有板式、管式等多种结构。可能云彩会挡住阳光，为保证系统稳定运行，在系统中要有储热装置，一般有高温储热罐与低温储热罐等。对于低温会冻结的导热液，必须有辅助加热器维持导热液温度避免冻结。若需要在太阳能不足时也能供电，就要在系统上并联天然气（或其他能源）锅炉，保证汽轮机正常运行。

9.2.4 太阳能中高温控制与跟踪技术

中高温太阳能应用的集热器都是自动跟踪的，因此需要控制系统，除此之外还有更多的部件需要控制或者管理，如储热器、换热器、阀门泵组以及温度压力传感器的管理等。控制系统分成两类对象进行管理，一类是驱动执行设备，另一类是传感器，传感器提供的是标量数据，控制系统根据采样数据进行管理执行设备的操作。这里的传感器种类有限，只有压力、温度、位置三类传感器，而执行器都是电磁控制设备，如：电磁阀、伺服电机、水泵电机等。

跟踪控制系统是集热器提高效率的有效手段，跟踪系统使用双轴有限跟踪或者单轴跟踪模式，双轴跟踪只局限于微型应用，大型系统不可能采用两轴跟踪，实际操作很难实现，因此只适合于单轴跟踪。

9.2.4.1 中温集热器跟踪技术

自动跟踪系统是管理器中一个重要组成部分，太用能中温集热器为了提高效率和太阳能的利用率使用自动跟踪系统，该系统不仅实现了自动跟踪功能，还实现了自我保护功能。自动保护功能在温度报警启动后，会停止工作状态，将集热器转向不再收集热量，这样避免了系统因为严重超过设定的温度和压力导致系统损坏等意外发生。自动跟踪系统根据太阳的运动轨迹有效跟踪范围为水平面转动 160°，在高纬度区域这一角度其实更小，当太阳日角和高度角与地平面的夹角很小的时候（小于 20°），太阳能已经很弱，即使是聚光系统也不具备很好的效果，因此一般都是有限的跟踪，但是系统设计允许转动角度为 160°，这是出于自动保护设计的。自动保护功能通过传感器获得风力过大时会将反射器的背面对准迎风面，减小系统受力，同时又可能停止工作，抗风等级为 96km/h。

跟踪系统是电力驱动的执行控制装置，本身需要消耗一定的能量，跟踪工作模式决定了投资成本和使用成本，为了实现降低成本和减少能源消耗，设计使用非连续跟踪执行模式，间隔时间为每 5min 自动对焦 1 次，执行角变量小于 1.5°，缩小间隔是为了提高效率考虑，这与太阳能集热器的布置方式有关，如果是南北方向布置间隔设定为 5min，而采用水平与纬线的东西布置方式，设定为间隔时间 10min，太阳高度角日变化小于 90°，纬度越高变化越小。

9.2.4.2 高温集热器跟踪技术

槽式太阳能聚光集热器的跟踪系统属于单轴式跟踪系统。在聚光集热器自动跟踪技术中主要有两种，分别为光电跟踪和定时跟踪。

（1）光电跟踪。利用光敏电阻在光照时阻值发生变化的原理，将光敏电阻安装在太阳能聚光器下方边缘处，太阳光垂直照射时，光敏电阻受聚光器的遮挡接收不到光照，没有信号输出，电机不转动；当太阳光倾斜入射时，光敏电阻输出偏差信号，使电机带动反射镜转动完成跟踪。

（2）定时跟踪。根据太阳在天空每分钟的运动角度，计算出太阳能聚光器每分钟应转动的角度，从而确定出电机的转速，使得聚光器根据太阳的位置而相应变动。这种方法采用程控系统。

由于以上两种形式都存在不同的缺点，现在大多实行传感系统和程控系统结合的控制方式。传感系统和程控系统相结合的控制方式即采用定时法原理进行程序控制，同时利用传感器对聚光器进行实时监测和定位，以消除由机械结构等因素引起的累计误差。

复习思考题

9-1 简述中温太阳能集热器的分类。

9-2 说明热管式真空集热管的结构。

9-3 说明槽式抛物面太阳能高温太阳能集热器的结构。

9-4 简述中高温太阳能集热器的应用。

参考文献

[1] 王君一，徐任学. 太阳能利用技术［M］. 北京：金盾出版社，2012.
[2] 杨世铭. 传热学［M］. 4版. 北京：高等教育出版社，2010.
[3] 罗云俊，何梓年，王长贵. 太阳能利用技术［M］. 北京：化学工业出版社，2012.
[4] 罗运俊，李元哲，赵承龙. 太阳能热水器原理、制造与施工［M］. 北京：化学工业出版社，2009.
[5] 何梓年，李炜，朱敦智. 热管式真空管太阳能集热器及其应用［M］. 北京：化学工业出版社，2011.
[6] 李观宇，纪平. 平板太阳能热水工程［M］. 北京：中国文化出版社，2012.
[7] 梁宏伟，张长江，刘广印. 太阳能在别墅建筑中应用的几种设计方案［J］. 太阳能，2010（7）：47~48.
[8] 刘洪绪，梁宏伟. 别墅型分体太阳能热水系统的过热保护［J］. 太阳能，2007（11）：27~28.
[9] 吴振一，窦建清. 全玻璃真空集热管热水器及热水系统［M］. 北京：清华大学出版社，2008.
[10] 郑瑞澄，路宾，李忠. 太阳能供热工程应用技术手册［M］. 北京：中国建筑工业出版社，2012.
[11] 中国建筑标准设计研究院. 国家建筑标准设计图集：06K503太阳能集热系统设计与安装［M］. 北京：中国计划出版社，2007.
[12] 中国国家标准化管理委员会. GB/T 12936—2007太阳能热利用术语［S］. 北京：中国标准出版社，2007.
[13] 王如竹，代彦军. 太阳能制冷［M］. 北京：化学工业出版社，2007.
[14] 杨洪兴，周伟. 太阳能建筑一体化技术与应用［M］. 北京：中国建筑工业出版社，2009.
[15] 刘鉴民. 太阳能利用：原理·技术·工程［M］. 北京：电子工业出版社，2010.
[16] 施钰川. 太阳能原理与技术［M］. 西安：西安交通大学出版社，2009.
[17] 刘共青，肖俊光. 小型太阳能热水工程的安装、使用与维修［M］. 北京：化学工业出版社，2013.
[18] 贺金玉，陈洁，袁家普. 太阳能热水工程［M］. 北京：清华大学出版社，2014.
[19] Robert Foster，Majid Ghassemi，Alma Cota. 太阳能——可再生能源与环境［M］. 本书翻译组，译. 北京：人民邮电出版社，2010.
[20] 贾铁鹰，徐国红. 家用太阳能热水系统控制器国家标准应用指南［M］. 北京：中国标准出版社，2011.